妈妈知道怎么办

解决育儿难题的心理学方法

宋洁 著

天津出版传媒集团
天津科学技术出版社

图书在版编目（CIP）数据

妈妈知道怎么办：解决育儿难题的心理学方法 / 宋洁著 . -- 天津 天津科学技术出版社，2022.7（2023.12 重印）

ISBN 978-7-5742-0107-1

Ⅰ. ①妈… Ⅱ. ①宋… Ⅲ. ①儿童心理学 Ⅳ. ① B844.1

中国版本图书馆 CIP 数据核字（2022）第 101546 号

妈妈知道怎么办：解决育儿难题的心理学方法
MAMA ZHIDAO ZENME BAN: JIEJUE YUER NANTI DE XINLIXUE FANGFA

策 划 人：	杨 譞
责任编辑：	杨 譞
责任印制：	兰 毅
出 版：	天津出版传媒集团 天津科学技术出版社
地 址：	天津市西康路 35 号
邮 编：	300051
电 话：	（022）23332490
网 址：	www.tjkjcbs.com.cn
发 行：	新华书店经销
印 刷：	三河市兴达印务有限公司

开本 880×1 230 1/32 印张 6 字数 150 000
2023 年 12 月第 1 版第 2 次印刷
定价：35.00 元

前言
PREFACE

随着社会竞争的日趋激烈,每位妈妈都希望自己是最好的妈妈,能够教出最优秀的孩子。遗憾的是,不少妈妈对如何教育孩子感到力不从心。有的妈妈,她们想当然地按照自己的想法"教育"孩子,可最后发现孩子越来越难教,越来越不"听话",于是,她们的"教育"方法就"升级"了——呵斥孩子,甚至是打骂孩子,结果可想而知。有的妈妈不惜血本儿把孩子送进各种名气很大的"艺术班",并且花重金把孩子送到一流的幼儿园、一流的学校,希望孩子样样都好,可到头来孩子特长、才艺、学习成绩却没有一样突出,甚至还产生抵触心理,变得越来越叛逆。为什么妈妈们用心良苦、付出颇多,教育的结果却与初衷背道而驰呢?究其原因,就在于妈妈没有真正走进孩子的内心。孩子是一本无字的书,妈妈们在解读孩子的成长问题时,应该从"心灵"

入手，而非单纯地从"行为"入手。教育实际上就是一门"动心"艺术，妈妈们应该懂得教育孩子的心理学。孩子的内心世界，跟成年人是大不相同的。鲁迅先生就曾说过："孩子的世界，与成人的世界截然不同，倘不先行理解，一味蛮做，便大碍于孩子的发达。"教育孩子，很关键的一点就是要走进孩子的心里，了解他的心理，知道他在想什么，"对症下药"，对孩子施以正确的、有效的教育，这样才能培养出卓越不凡的孩子。

本书旨在帮助妈妈了解最基本的教育学、心理学知识，掌握科学的教育方法、技巧，用心理学的规律去调适孩子，培养出真正优秀的孩子。本书详细介绍了心理学知识在教育孩子中的应用技巧。针对孩子的心理需求、人际交往、自控能力、思维能力、自立能力等各个方面可能存在的问题，我们为大家提供了教育孩子时切实可行的操作方法，揭开孩子行为背后的心理真相，帮助妈妈们避开教育中的暗礁。本书内容贴近现实生活，科学实用，书中收录的一些实例，极具参考价值，是妈妈了解孩子心理、塑造优秀孩子不可多得的好帮手。每个孩子都是珍贵的存在，每个孩子都可能成为天才，而每位妈妈，都可能是培养天才的教育家。我们不能仅仅关注孩子智力的开发和身体的成长，更应该关注孩子心理上的微妙变化，更应该知道妈妈在家庭教育中应该懂得的心理学，知道如何在生活中运用它们。最后，衷心祝愿每一位妈妈都能做有智慧、懂教育的好妈妈，每一个孩子都能受到最好的教育，都能健康、快乐地成长。

目录
CONTENTS

第一章 不打不骂教出优秀孩子的妙招

制定惩罚，不如先规定纪律 002
"有心无痕"的批评和表扬才能对孩子生效 004
当出了问题，要回应，而不是反应 007
给孩子指导而不是批评 010
说教和批评产生距离和怨恨 013
"打是亲，骂是爱"是最大的谎言 015
吓孩子，吓出儿童神经衰弱 018
多一点引导，少一点控制 020
不用命令的口气跟孩子讲话 023
伤害孩子的话永远别说出口 026

2 第二章
如何说孩子才会听，怎么听孩子才肯说

每天要有和孩子"单独在一起说话"的时间..........030
"蹲下来"和孩子说话..........033
尊重孩子的说话权，做会"听话"的妈妈..........036
80/20——与孩子对话的黄金法则..........039
做积极倾听的妈妈，耐心地听孩子把话说完..........042
用好身体语言比说好口头语言更重要..........045
用孩子的眼睛看世界，孩子才会听你的道理..........047
争辩有理顶嘴无罪，亲子沟通更容易..........050
让孩子服从你，不如让孩子理解你..........054

3 第三章
怎样把学习的"苦差"变成轻松的事儿

把学习做成一场表演，让孩子在角色中学习..........060
不要把学习暗示为"苦"事..........063
不规定具体时间，写作业心甘情愿..........066
多向孩子请教，"小老师"进步快..........069
"减压"比"拼命学习"更重要..........072
学习遇到瓶颈时，多动心力而不是体力..........076
饭后学习效率低，不如轻松小憩..........078
营造爱读书的家庭氛围，轻轻松松熏陶出爱学习的孩子...082

第四章
"反着干"培养出良好学习习惯

"不陪"才能培养好习惯，不要包办孩子的作业.....086
想让孩子喜欢写作业，就不要让他写太多作业......089
越渴望孩子取得好成绩，越不要向他要分数.........092
不用"暴力作业"惩罚孩子，不让孩子的学习变无趣...095
想让孩子坚持发展兴趣爱好，就不要把兴趣变成责任...098
考好了不奖励，考坏了不批评..............................100
越不让他学他越要学习，越让他看电视他就越看不进去...103
多看"没用"的书，培养出阅读的习惯................105
"温故"比"知新"更重要，不要等墙倒塌了再来造墙...108

第五章
妈妈是孩子最好的心理医生

考试，不怕！帮助孩子战胜考试焦虑..................112
笑出来，哭出来，走出忧郁的泥潭......................115
"我怀疑全班同学都恨我"，那不是真的................119
赶走堆积的压力，不让抑郁找上孩子..................122
孩子也会"心累"，需要妈妈帮助恢复"元气"......126
妈妈消除"红眼病"，让童心远离嫉妒..................128
取消不当的奖惩方法，赶走可怕的"考试瘾"........132
呵护孩子的自信，保护孩子远离自卑..................135

尽早处理孩子的恐惧，赶走孩子心中的"鬼" 138

第六章 学龄儿童常见的问题及解决办法

孩子做事拖拉怎么办 144
孩子容易发脾气怎么办 147
如何让孩子主动不挑食 151
孩子说谎话怎么办 154
如何改掉孩子乱扔东西的坏习惯 157
如何转变孩子的厌学情绪 160
孩子遇到"小霸王"怎么办 163
当孩子出现口吃毛病时怎么办 166
不容忽视的儿童攻击性心理 169
孩子有"社交恐惧症"怎么办 172
怎么才能带孩子走出自闭 174
孩子喜欢吮吸手指怎么办 178

第一章
不打不骂教出优秀
孩子的妙招

制定惩罚，不如先规定纪律

内科医师有一句座右铭，大概意思是："首要原则是不伤害病人"。妈妈也需要类似的规定来帮助自己，在约束孩子守纪律的过程中，不要对孩子情感上的快乐造成伤害。

纪律的关键在于寻找惩罚的有效替代手段。

布莱克夫人要去给那些犯过过失的男生上第一次课，她很担心。当她轻快地走上讲台时，她绊了一下，摔倒了，课堂里爆发出哄堂大笑。布莱克夫人没有惩罚那些嘲笑她的学生，而是慢慢站起来，直起身子，说："这是我给你们的第一个教训：一个人会摔倒趴下，但是依然可以再站起来。"教室里寂静无声，孩子们接受了这个教训。

这样的方法，所有的妈妈都可以仿效，使用智慧的力量，而不是用威胁和惩罚来影响孩子的行为。

当妈妈惩罚孩子的时候，孩子会怨恨妈妈，当他内心充满愤怒和怨恨时，是不可能听得进妈妈的话，不可能集中注意力的。在训诫孩子时，任何可能会导致愤怒的行为都应该避免，而那些会增强自信、增强自尊，并且尊重他人的方法应该大力提倡。

为什么当妈妈惩罚孩子的时候,会激怒孩子?不是因为她们不和蔼,而是因为她们不懂得方法。她们没有意识到她们的哪句话是有破坏性的。她们很严厉,是因为没有人告诉她们如何在不骂孩子的前提下处理棘手的问题。

一天,儿子贾宏从学校回到家,一开门就朝妈妈大声嚷嚷:"我恨我的老师,她当着我朋友的面冲我大声叫,她说我说话扰乱了课堂秩序,然后她惩罚我,让我整堂课站在大厅里。我再也不要回学校了!"儿子的怒气让这位妈妈失去了平静,于是她不假思索地把心里所想的话脱口而出:"你知道得很清楚,你应该遵守纪律,你不能想讲话就讲话,如果你不听话,你就会受到惩罚,我希望你已经得到了教训。"

当妈妈如此回应了儿子的烦躁情绪后,儿子也非常生妈妈的气。如果那位妈妈没有说上面那些话,而是说:"站在大厅里多尴尬啊!当着朋友的面冲你嚷嚷也很让人丢脸!怪不得你要生气。没有人喜欢遭到那样的对待。"这样同情的回应说出了贾宏的烦躁情绪,会消除他的怒气,让他感到妈妈对他的理解和爱。

有些妈妈会担心,如果她们承认孩子的烦躁,提供情感上的急救,会给孩子传达出这样一个信息:她们不担心孩子的不良行为。但是,就像上面提到的一样,儿子的捣乱行为发生在学校里,而老师已经处理过了。她苦恼的儿子从她那儿需要的不是额外的训斥,而是同情的话语和理解的心情,他希望妈妈能帮助他消除心烦。

纪律就像外科手术,需要精确,不能随意下刀,不能草率地抨击孩子。不端行为和惩罚不是对立的两个方面,不能互相抵消,相反,它们会互相滋养、互相增强。惩罚无法制止不当行为,只会让肇事者在躲避侦查上更有技巧。当孩子受到惩罚后,他们会想办法更加小心,而不是更顺从,或更有责任心。

所以,妈妈们可以通过纪律使孩子自愿接受限制和改变某种行为。从这个意义来说,妈妈的训诫可能最终带来孩子的自律。通过认同妈妈和妈妈体现出来的价值,孩子内心会获得自我调整的标准。

"有心无痕"的批评和表扬才能对孩子生效

明明早晨喝完牛奶,随手把空牛奶盒从教室的窗户扔了出去,正巧打着楼下的一位学生。事情反映到老师那里,乱扔盒子的明明被班主任叫到了办公室。

"你知道这种行为的严重后果吗?"班主任厉声质问。

"老师,我错了,我以后再也不往楼下扔东西了!"这时,明明眼里的泪水已在打转。

"幸亏你扔的是纸盒，如果是铁盒、砖块呢？还不把人家脑袋砸破？"

"万一砸出人命来怎么办？"

……

班主任连连质问、斥责，由纸盒而铁盒、砖块甚至人命，说了一大堆，越说越严重，越说越玄乎，似乎还不满足，仍想继续"发挥"，但这时，明明已变得充耳不闻，表情淡漠了。

生活中有很多妈妈也会像这位老师一样，唠唠叨叨地对孩子批评一番，她们经常抱怨，为什么孩子总是听不进去教诲，对批评一点都不能虚心接受。那是因为长篇大论的批评已经超出了孩子的承受范围，致使他们感到麻木或是厌倦了。这好比孩子一次只能吃2根雪糕，你非得一次逼他吃掉10根，那他自然因为吃腻了而从此对雪糕丧失兴趣。

当人的机体接受某种刺激过多、过强或时间过长的时候，人会调动"自我保护"的本能，出现自然的逃避倾向。这种现象被人们称之为"超限效应"。

"超限效应"在家庭教育中时常发生。如：当孩子考试失败时，妈妈会一次、两次、三次，甚至四次、五次重复对一件事做同样的批评，使孩子从内疚不安到不耐烦，最后到反感讨厌。被"逼急"了，就会出现"我下次还这样，不学了！"的反抗心理。又或者孩子是一个大大咧咧的人，他偶尔会把房间弄乱，而妈妈时不时都在念叨孩子不爱整洁、邋里邋遢，久而久之，孩子心生厌倦和反叛，他故意不打扫不整理，以此来响应妈妈的批评。

其实妈妈的本意是好的，想通过强调这个问题，使孩子记忆深刻，下次不再重复犯同样的错误。可是妈妈这种喋喋不休的说教、嘱咐、训斥，最终导致孩子出现了"超限效应"，无动于衷，甚至异常反感。孩子本身对自己的错误是有内疚之感的，但是如果妈妈咬住孩子的错误长久不放，过多重复的批评就会导致孩子产生厌倦之情。当厌倦淹没了悔恨自责，孩子就只记得对妈妈的不耐烦，而千方百计地为过错找借口，失去对错误的悔意。所以，孩子听不进去批评，妈妈要反思一下是否你对孩子的批评超限了。

在教育中，不光是多批评会引发超限效应，多表扬也是如此。表扬过多以后，孩子会变得麻木，对称赞丧失兴趣，从而失去上进的动力。过多的称赞不仅会变得不值钱，甚至会使孩子认为妈妈很"虚伪"。所以，无论是表扬还是批评，都要掌握一个度。过少是妈妈的失职，过多则是妈妈的失误。

在表扬孩子时，妈妈要善于抓住孩子的"闪光点"，及时捕捉孩子的每一次、每一点进步，"对症下药"地对孩子的行为进行表扬，并要适可而止。点到为止、暗香余留的表扬是对孩子有持续吸引力的表扬艺术。当批评孩子时，妈妈更要讲究艺术。要切记：孩子犯一次错，只能批评一次。如果他再犯同样的错误时，可以变换角度来说他。比如，孩子放学后写作业，每次写完后都不把书收拾到书包里,你可以批评他。但当他答应做到而又没有做到时,你可以和他一起想办法,比如建议他在"记事本"上记住每天要做的这件事。批评孩子,既要让他认识到自己的错误并心存自责,又要鼓励他下次积极改进,这才是批评的高级境界。

当出了问题,要回应,而不是反应

在许多家庭中,妈妈和孩子之间的激烈争吵有一个规律的、可预见的顺序。孩子做错了什么事,或者说错了什么话,妈妈对此做出无礼、侮辱的反应。孩子则用更糟糕的行为来反应。妈妈再反击,高声恐吓,或者粗暴地处罚。

这样的方式解决不了问题。当孩子出现问题时,妈妈们正确的做法是回应,而不是反应。

10岁的雷特保证给家里洗车,但是他忘了。最后他才想起来,试图做好工作,但是已经来不及了,没有完成。

妈妈对雷特说:"儿子,这车还需要再洗洗,特别是车顶和左边。你什么时候能做?"

雷特说:"我可以今晚洗。"

妈妈微笑着点点头:"谢谢你。"

雷特的妈妈并没有批评他,而是告诉了他一些事实,语气没有丝毫的不敬和贬低。这让雷特完成了他的活,而不会对妈妈生气。想象一下,如果雷特的妈妈批评了他,试图教育他,雷特的反应会有什么不同呢?

妈妈问:"你洗完了车吗?"

雷特说:"洗完了。"

妈妈开始不高兴了:"你确定?"

雷特撒谎道:"我确定。"

妈妈生气了:"你居然说你洗完了?你就是敷衍了事,你从来都这样。你只想玩,你觉得你能这样过一辈子吗?你要是工作了,还是像这样草率马虎,连一天都干不了。你太不负责任了!"

这样的结果是,不仅伤害了雷特的自尊心,而且对他身心发展也不好。

从一些小意外里,孩子可以学到很宝贵的教训。孩子需要从妈妈那里学会分辨什么是仅仅让人不愉快、让人讨厌的事情,什么是悲剧和灾难。许多妈妈对打碎了一个鸡蛋的反应就像打断了一条腿似的,对窗户被打碎的反应就像心被敲碎了一样。对于一些小事,妈妈应该这样跟孩子指出来:"你又把手套弄丢了,这很不好,很可惜,不过这不是什么大灾难,只是一个小意外。"这就是所谓的小意外,大价值。

丢失了一只手套不需要发脾气，一件衬衫扯破了，也无须像希腊悲剧里那样让孩子自己动手解决。

相反，发生小意外时，是传授孩子价值观念的好时机。

8岁的黛安娜把妈妈戒指上的诞生石弄丢了，她伤心地哭了起来，妈妈看着她，平静而坚定地说："在我们家，诞生石不是那么重要的。重要的是人，是心情，任何人都可能弄丢诞生石，但是诞生石可以重新替换。你的感受才是我最关心的。你确实喜欢那个戒指。我希望你能找到合适的诞生石。"

但是，当遇到孩子行为不当时，妈妈往往意识不到是不安的情绪导致了那样的行为。在纠正他们的行为之前，一定要先处理他们的情绪问题。

所以，当孩子遇到问题或遇到不开心的事时，妈妈们最好的做法是回应孩子，让孩子心灵有慰藉，而不是做出反应、质问孩子。可大多数妈妈都没有养成向对方敞开心扉的习惯，甚至不知道孩子的感受以及如何去感受。

如果让孩子说出自己的感受很难，那么妈妈能够学会倾听在他们愤怒的外表下所隐藏的担心、失望和无助，将会有很大的帮助。妈妈不要只针对孩子的行为做出反应，而是要关注他们心烦意乱的情绪，帮助他们应付难题。只有当孩子心情平静时，他们才能冷静地思考，才能做出正确的举动。

所以，妈妈的批评对孩子是没有益处的，它只能导致气愤和憎恨。而更糟的是，如果孩子经常受到批评，他们可能会学会谴责自己和别人；学会怀疑自己的价值，轻视别人的价值；学会怀疑别人，甚至导致人格缺陷。

给孩子指导而不是批评

批评和评定性的称赞是双刃剑，两者都是在给孩子下判断。为了避免下判断，心理学家不会发表批评意见影响孩子，而是指导孩子。在批评孩子时，妈妈会攻击孩子的人品和性格。而指导孩子时，妈妈陈述问题以及可能解决问题的方法，但不会针对孩子本人发表任何观点。

一旦孩子说错了什么或是做错了什么，妈妈立刻摆出一副严厉的样子对孩子指手画脚，同时带有无礼甚至是侮辱性的批评语言，结果可能是不但没有让孩子心服口服地接受批评，反而引起孩子的反感和顶撞。

吃早餐的时候，7岁的罗文在玩一个空杯子，正在餐厅打扫的妈妈对罗文说："你会打碎它的，不要玩了，你不知道打碎了多少东西。"

罗文自信地说："放心吧，不会打碎的，我保证。"刚说完，杯子就从手掌间滑落在地，摔得支离破碎。妈妈生气地说："你应该放声大哭。真是个大笨蛋，屋里东西快要被你摔光了。"

罗文毫不示弱，他说："你也是个笨蛋，你曾经打碎了最好的盘子。"妈妈一听这话，气得从餐厅里冲出来："你竟敢说我是笨蛋？你太没礼貌了！"

罗文说："是你先没有礼貌的，谁叫你先叫我笨蛋的。"妈妈简直气得无话可说："不许说话，马上回到你的房间去。"

罗文看着妈妈生气的样子，来劲了："来啊！逼我啊！"

这种行为激怒了妈妈，她一把抓住他，狠狠地将他打了一顿。罗文一气之下离家出走，直到深夜才回来，把全家人急得一晚上没睡好觉。

也许，这件事情让罗文得到了教训，他以后再也不玩空杯子了。但是妈妈也应该得到教训，那就是应该用善意的语气指导孩子，使孩子避免再次犯错，而不是用暴力教训孩子。

其实，在孩子玩杯子的时候，妈妈完全可以提醒孩子"小心摔了杯子，割伤了手"，然后对孩子说："玩皮球是个不错的选择。"或者当杯子打碎时，妈妈可以帮助孩子处理玻璃碎片，顺带说："杯子很容易打碎，以后注意点哦。"这种和气的话很可能让罗文为自己的过错感到惭愧，继而会因为自己闯了祸而产生歉意。在没有斥责，没有巴掌的情况下，他甚至可能会在心里思考，并自己得出结论：杯子不是用来玩的。

妈妈应该给孩子更多的指导而不是批评。妈妈可以从以下几个方面做起：

第一，孩子犯错之后，指导孩子处理问题。当孩子不小心碰翻了果汁，打破了杯子时，妈妈首先要做的不是批评孩子的错误，而是指导孩子怎样处理错误导致的问题，妈妈应该告诉孩子如何清理破碎的玻璃杯，如何把地板拖干净。

第二，孩子犯错时，不能辱骂孩子。无论孩子犯了怎样的错，你都不能辱骂孩子，如果你经常在孩子犯错后辱骂孩子，孩子就会朝你所骂的样子发展：假如你骂孩子是个坏孩子，他会慢慢变成真正的坏孩子；假如你骂孩子是个笨蛋，孩子真的会变成笨蛋。所以，如果你真的想让孩子在犯错之后改过自新，就要杜绝辱骂孩子，你只需实事求是地指出孩子的错误，告诉孩子怎么做就可以了。

第三，要及时和孩子交流，让孩子知道错误。孩子犯错了，你可能还不清楚原因。那么你需要和孩子进行交流，让孩子告诉你他是怎样犯错的，这便于你针对孩子的错误提供指导性的意见，最终帮助孩子改正错误。你可以对孩子说："现在没有必要惩罚你，而要搞清楚你是怎么犯错的，这样你才不会犯同一个错误。"让孩子明白，你并没有惩罚他的意思，他才可能放下心理包袱，和你进行交流。

每个人都希望得到指导而不是批评，孩子同样有这样的心理。这就要求妈妈在教育孩子的时候，多用善意的指导和关爱代替批评和责骂，这样孩子才会虚心地接受妈妈的教育和引导。

说教和批评产生距离和怨恨

2005年,曾发生了一起轰动全国的杀母案。学生徐某,中午刚吃过午饭见母亲屋里开着电视,想看一下然后去上学。母亲一看见儿子脚步停在电视机前,便马上把脸阴下来说:"马上就要大考了,你这次要考全班前10名。"徐某一听到排名,心里便咯噔一下。那是因为徐某初进高中时,排名第44,到了高一下学期,一度跃升到第10名,母亲很高兴,要他以后每次考试都不能低于前10名。谁知越是想考到越考不到,到了高二上学期,徐某期中考试成绩排在了第18名,母亲回家后用皮带把徐某狠狠打了一顿,还又哭又闹,说:"以后你再踢足球,就打断你的腿。"

徐某一想到这里,心里就堵得慌,于是便说:"很难考的,这不太可能。"徐母声调又升高了几度:"那还看电视?还不去用功学习?"徐某说:"我已经够用功了。"徐母毫不让步地说:"期末考试不考前10名的话,你自己看着办。你自己考虑,进不了前10名,以后怎么考重点大学?"接着便是不停地讲排名,讲重点大学一类的话,徐某被母亲搞得脑袋发胀。

他背起书包准备上学去,免得再听母亲唠叨,谁知母亲依然不依不饶地说个不停。徐某此时是又怕又烦,他走到门边时,突然看见鞋柜上有把木柄榔头,随着母亲的唠叨声,他心烦得血冲上头,一下子失去了理智,他只想让母亲停止这种使他精神崩溃的唠叨,甚至是永远停止,他下意识地挥起了榔头……

悲剧就这样偶然而又不可避免地发生了。

在这个惨案中,孩子的残忍固然让人痛心,但徐母的教育方法同样值得我们反思。试想,如果徐母能够换一种谈话方式或者以聊天的方式引导徐某学习,而不是唠唠叨叨地逼着他必须考前10名的话,如果徐母细心一点,多注意孩子的情绪变化的话,或许悲剧可以避免。

妈妈常常因为跟孩子的对话而感到失望,因为他们让人毫无头绪,就像那段著名的对话所说的那样。"你要去哪儿?""出去。""干什么?""不干什么。"那些想努力讲道理的妈妈很快发现这样会让人疲乏不堪,就像一个母亲说那样:"我一直努力地跟孩子讲道理,说到我脸都绿了,但是他还是不听我说,只有我冲他喊时,他才会听我说。"

孩子经常拒绝跟妈妈对话,他们讨厌说教,讨厌喋喋不休,讨厌批评,他们觉得妈妈的话太多了。8岁的大卫对他的妈妈说:"为什么我每次问你一个小问题,你都要给我那么长的答案?"他向他的朋友倾诉说:"我不跟我妈妈说任何事情,如果我跟她说,我就没有时间玩了。"

一个对此很感兴趣的研究者无意中听到一段妈妈和孩子的谈话,他惊奇地发现,他们两个人几乎都不听对方在说什么,他们的谈话更像两段独白,一段充满了批评和指令,另一段则全是否认和争辩。这种沟通的悲剧不是因为缺乏爱,而是因为缺乏相互尊重;不是因为缺乏才智,而是因为缺乏技巧。

所以,说教和批评只会引起孩子的逆反心理,而无助于问题的解决。妈妈应该注意运用聊天的方式和孩子沟通。同时应该重视孩子行为后面隐蔽的心理问题,因为孩子发怒或者调皮捣蛋往往都是有其隐秘的心理原因的。当他表现出烦躁、故意顶撞妈妈或者说粗话等不良行为时,许多妈妈往往并没有注意到他这种行为背后所隐藏的深层心理意义,而只是厉声批评孩子。这种批评就不能对症下药。

因此,当孩子做出让人生气的事情时,妈妈首先要做到不是批评责骂,而是弄清孩子心里的想法,看看造成孩子这样做的原因是什么,然后再有针对性地给孩子以指导。

"打是亲,骂是爱"是最大的谎言

这周末,萌萌全家进行大扫除。小轩、可可都来帮忙。不过萌萌今天的心思可没在劳动上。她边干活边想着去划船的事。

不料,一个不小心便闯了祸。爸爸最喜欢的大花瓶被她打碎了。萌萌一下子愣在了那里。她想:"这下闯大祸了,爸爸一定会骂我的!"爸爸一向比较严厉,想起爸爸接下来要拉长的脸,萌萌手忙脚乱地逃离了现场。

眨眼到了吃晚饭的时间,爸爸妈妈见萌萌没有回来,便分头去找。妈妈在小花园里发现了萌萌。她正和小伙伴们玩得不亦乐乎。

"萌萌,回家吃饭了!"妈妈柔声叫她,但萌萌不敢回家。

"今天是淘气的小轩打碎花瓶的。妈妈,咱们今天能不能晚点回家呢?"萌萌央求妈妈。

妈妈早看出了她的心思,便告诉她:"今天打扫卫生,你是咱家做得最好的,你爸还一直对你赞不绝口呢!此外,你爸爸最近一直嫌那个花瓶大,摆到哪都占地方,这下好了,家里显得不那么挤了!你爸爸说早就想扔了。不过呢,以后劳动的时候要注意啊!"萌萌听了妈妈的话,羞愧地低下了头,她想:"我以后可不会犯这样的错误了!"当她回到家时,爸爸并没有训斥她,而是说:"萌萌,把碎片打扫干净吧,否则扎到脚就不好了。"

萌萌飞快地去拿扫帚和簸箕。从此她无论是劳动还是学习都变得细心了。

萌萌妈妈的处理方式可以说是明智的,她没有因为孩子闯祸而愤怒,也没有让孩子承受闯祸后的恐惧,而是用一种温和的方式,让孩子记住"前车之鉴"。

而现实中很多妈妈每每发现孩子的错误,不分青红皂白,便冲着孩子大喊大叫,甚至对孩子拳脚相对。事实上,这种方式收效甚微，因为人们的情绪判断遵循"情绪判断优先定律"，孩子记住了当时的恐惧，而忘了对错误的判断与反省。

所谓的"情绪判断优先定律"，即指情绪会优先于理性，影响人们的判断。无论是好情绪还是坏情绪都会首先影响到人的行为。当孩子闯了祸之后，他心里其实很痛苦，很内疚。在这种糟糕的心态下，妈妈的打骂对他来说，只会让他感到反感，他会觉得妈妈并不爱他，爱的是那些已经损失的钱和物。在这种境况下，他根本就无心改正错误。暴力教育从来就不会让孩子变得顺从，也不会让他变得聪明和懂事，只会使他走向堕落和消沉。

所以，妈妈在与孩子交往过程中要学会"先处理情绪，后处理事情"。比如在孩子处于不愉快状态时，他就会将所有外界信息"拒之门外"，这时妈妈无论说什么，他都很难接受。但是，如果妈妈先处理体谅孩子的感情，宽容和安慰孩子，先处理好他的情绪，使他处于良好的情绪状态下，那么问题就会轻而易举地得到解决。

中国人历来信奉"棍棒底下出孝子"。其实，这种粗暴的家教方式只能摧残孩子的心灵。从表面上看，打骂可以使孩子暂时克服自己不正确的欲望和控制不正确的行为，但是，不能从根本上解决问题，弄不好还可能使孩子养成说谎的毛病，变得阳奉阴违，父母面前不做、背后做。同时，打骂会污辱孩子人格和扼杀孩子个性，还容易使孩子丧失自尊心，失去生活支柱，逆来顺受，畏首畏尾。那些被打骂的孩子，随着年龄的增长，虽然已看不见他们身体上挨打的伤痕，但在他们的内心，仍然保留着幼年时挨打的痕迹，这些痕迹会造成孩子的不自信、缺乏安全感等后遗症，对孩子的个性发展和人生发展都会产生消极的影响。

打骂孩子造成终生遗憾的事情时有发生，孩子不堪忍受打骂上吊自杀的有之，离家出走的有之，父母失手打死孩子的有之。事实证明，"打是亲，骂是爱"是最大的谎言。教育孩子只能说服，不能压服，只能用爱交换爱，用信任交换信任。打骂教育，是一种畸形的家庭教育方式，在现代的家庭中，应该避免出现。

吓孩子，吓出儿童神经衰弱

一个在解放军医院工作的医生说："我们医院里，每年开学后一个月，都会有很多学生过来就诊，得的就是神经衰弱。"他介绍说，头痛、头晕、胃口不适是典型的儿童神经衰弱症状。孩子和成年人一样，一旦思想压力大，也会患上神经衰弱症。他接触过一些小学三四年级的儿童，要么头痛头晕，要么脾气暴躁、上课精神涣散，要么胃口不适。

医生的话让人很震惊，原来我们的孩子也正面临着神经衰弱的威胁，许多应该处于"无忧无虑"的童年的孩子，竟然患上了儿童神经衰弱症。这是为什么呢？

儿童神经衰弱主要产生原因是长期精神紧张，学习负担过重，成绩不良，家庭环境不如意，或与贫血、传染病、中毒、体质弱及性格急躁、小心眼等有关。表现为入睡慢、睡眠浅、梦多、爱急躁、常常感到头痛或头部发热、头晕、食欲不振、怕声音、怕光、胸口发热、手脚麻木、容易疲劳，等等。

精神紧张是最主要的原因，而孩子之所以会精神紧张，往往是因为妈妈的恐吓引起的。据统计，全世界有65%的神经衰弱症儿童患病都是因为妈妈的恐吓！小孩子生性爱动，马虎容易犯错，而妈妈往往就因为这些小事而责备孩子，或者是以某种可怕的后果来恐吓孩子，最终造成了孩子的心理疾病。

有一个小女孩成绩不好，老师说她上课听讲不太认真。回到家里，妈妈就开始说："现在不好好读书，将来你就去捡垃圾好了。"下楼扔垃圾时，妈妈还故意让孩子去看看垃圾箱里有些什么，好好想想以后要怎么捡垃圾。孩子看到垃圾箱里面有很多剩饭剩菜、动物的粪便、各种生活垃圾，这些脏东西让她心怀恐惧，她心想这么脏的垃圾怎么捡啊！

于是孩子对垃圾箱产生了阴影，她从来不去扔垃圾，路上碰到垃圾箱她也远远地迈开，经常梦到自己在脏兮兮的垃圾箱里面捡垃圾，这简直成为她挥之不去的噩梦……

其实，女孩的妈妈并不是想把孩子吓出毛病，只是想刺激一下孩子，让孩子警觉起来。可是，妈妈原本的一番好意却造成了孩子的心病。这种过度的刺激，超过了孩子的承受范围，最终让孩子心理失衡，造成了孩子的心理疾病。

妈妈给孩子适当的压力是应该的，但前提是不能超过孩子的负荷，不能伤害孩子的心，更不要随随便便就恐吓孩子。要知道，孩子的压力本来就很大了，他在学校面对的学习、与同学相处的压力已经很大了，他需要妈妈对其进行疏导，而不是加压，更不是恐吓和侮辱。

大人如果神经衰弱了，放轻松，减少压力是最好的治疗方法。孩子也是一样，当孩子神经衰弱时，妈妈要多给孩子一些温暖的鼓舞，帮助他们渡过成长中的一道道难关，要帮助孩子改变恶劣环境，减轻思想负担。另外，你还可以鼓励孩子积极努力学习，安排好学习、文娱活动，保证睡眠，多参加集体户外运动，增强体质，克服胆怯、心窄的性格，从而建立起克服困难的信心与勇气。但是最重要的，就是妈妈不要恐吓孩子！

多一点引导，少一点控制

控制是一种奇妙的东西，它是一种与生俱来的本能，隐藏在每个有思想的物种体内，人更是甚之。在家里，妈妈永远都想控制孩子，她们的初衷是对孩子的爱，这爱可以创造伟大的亲情，也可以创造家庭的不幸。因为，很多妈妈借助"爱"的名义来控制孩子。

总结家庭中利用爱的名义控制孩子，从而给孩子心灵成长带来不良影响的现象如下：

"你是我生的，你是我养的，所以你该……"

这会让孩子背上还债的负担，是最常见的控制。序位高的妈妈，不能要求序位低的孩子按照自己的模式生活，孩子有选择权利的前提是没有心灵的沉重枷锁。

"你不听话，我养你容易吗？真不如当初不要你了……"

认为养育孩子等于受苦，还有威胁，迫使孩子以自己的命运进行补偿；威胁式的控制让孩子从小便没有安全感。

"我活得不容易，我的生命是悲惨的……"

这是隐性的控制，也是负面效应很大的控制。这种动力会迫使孩子将自己的生活变得更差以寻找心灵的平衡。

或者"你不听我的话，我真命苦……"

妈妈有时以自己多么"命苦"，来要挟孩子听话，孩子被迫进行补偿，往往带来孩子悲剧性的性格命运。

以上种种对孩子的控制，大多假借"爱"的名义。中国的不少妈妈总是认为什么都管，让孩子完全按妈妈的思路去做，便是对孩子最完全的爱。其实不然。在孩子年龄还小时，思想和经验还都不足以独立处理自己的人生大事时，妈妈是孩子的监护人，她们有责任也有权利来要求孩子按自己的思路去做一些事情，尽管有时候孩子并不情愿去做，但他们的能力不足以摆脱妈妈对他们的控制。但随着孩子长大，妈妈应该逐渐放手。

那么，妈妈应该如何做才能"少一点控制，多一些引导"呢？

1. 妈妈应该克制自己的控制欲望。如果妈妈对孩子的控制欲比较强烈，建议妈妈首先应该把心态放平和。对孩子有期望是好的，但不要在孩子面前时时处处表现出来，不要急躁，有时候按照对的思路去做了，一时没看到成效，也不要太着急，继续做下去就行了。

2. 尊重孩子，给孩子自由。妈妈尊重孩子，孩子才能尊重妈妈。有的妈妈只希望孩子对自己言听计从，而不能有自己的观点或者申辩一下，否则就对孩子大声训斥。这种孩子长大后很可能是一个人云亦云的人，没有自己的观点。

3. 给孩子一些成长空间，离孩子稍远一点观察。孩子的成长应该顺其自然，不应该脑子里有个框框，孩子应该怎样怎样，更不能强硬改变，而应该利用一些生活场景，尽量提供孩子发展的一些外部环境，尽量正确地诱导孩子。

4. 培养孩子独立思考和判断的能力。独立性是一种习惯，是在生活中慢慢养成的，如穿衣穿鞋、吃饭洗手这类小事。孩子做任何事情，都会碰到次序、步骤的问题，也有效率和结果的不同，这就是因果关系，就是逻辑。更复杂的独立思考、判断的习惯是在独立意识的基础上，在感觉经验和知识的积累中形成的，或许孩子大一些妈妈才会比较关注这一点，但这种能力不是说有就有的，这更多的是长期训练之后形成的一种面对环境和事情的反应习惯。如果孩子从小就没有这种习惯或能力，可以肯定地说，长大后也不会有。

5.引导孩子的生活态度和价值观。当孩子逐步具备了事物的简单意识之后，几乎每时每刻都在对外界事物和信息进行着判断和选择。妈妈通过对孩子在一点一滴的小事中的不同做法的选择加以引导，就可以逐步培养其乐观、向上的生活态度和良好的价值观。

作为母亲，当然不能对孩子不加管教、听之任之，但是控制过严又可能压制孩子天真烂漫的童心，对孩子的心理健康产生消极作用。所以，要对孩子多些引导，不妨让孩子在不同的年龄阶段拥有不同的选择权。只有从小能享受选择权的孩子，才能感到真正意义上的快乐和自由。

不用命令的口气跟孩子讲话

家庭教育专家卢勤女士认为，"成人世界"与"孩子世界"沟通的钥匙，不仅仅掌握在孩子手中，而是妈妈和孩子每个人手中都有一把，而最重要的是妈妈手中的钥匙。妈妈要想和孩子沟通,需要学会一件事——经常从孩子的观点上来思考,从孩子的角度来观察、决定事情,这是对孩子最大的尊重。她说:"与其用命令的方式对孩子指东指西,不如蹲下来好好和孩子说话。"

妈妈能在家庭中创造一种平等民主的"空气",这是孩子的幸运。在这样的家庭里,孩子会觉得妈妈是自己的朋友,而不是高高在上的权威。

谢美娟就是个聪明的妈妈,她对这一点就深有体会。

有一天,女儿莉莉回家晚了,谢美娟帮女儿拿下肩上的书包,陪女儿吃饭,告诉女儿这是特意为她准备的。谢美娟告诉女儿,她已在窗口看了很多次,盼着女儿回来。女儿说,她陪同学买东西去了,所以回来晚了,并向妈妈道歉。

谢美娟说:"孩子,妈妈知道你是一个有责任心的好孩子,相信你不会惹麻烦,但妈妈牵挂你,担心遇到交通方面的问题或别的什么事情。以后,最好先打电话回来说一下。"

女儿高兴地亲了一下谢美娟:"妈妈,你真好!"

谢美娟从孩子的角度出发看待孩子的过失,使孩子能感受到妈妈对她人格的尊重,感受到她与妈妈在地位上的平等。在我们周围,有许多妈妈喜欢用成人的思维方式来看待孩子的行为,喜欢用命令的方式和孩子讲话,这是不科学的。

孩子本身就是一个独立的个体,有自己的思想,自己的人格和尊严,他们都希望妈妈能够给予他们尊重和平等。妈妈只有和孩子站在同一水平线上,孩子才有可能感受到平等和尊重。

平等地和孩子说话,是培养孩子独立意识的有效方式。

有的妈妈在家里总爱摆摆为人妈妈的架子,对孩子呼来唤去,常用命令的语气对孩子说:"把我的眼镜拿来!""不要动那本书!""今天晚上不准出去玩!"当时倒是够威风、够痛快的,可是这些妈妈逐渐地会发现,孩子们慢慢地不吃这一套了,而是常将妈妈一道又一道的命令当耳旁风。

经常用命令的口气对孩子说话的妈妈,应该了解:命令并不是一种教育孩子的好方式。

命令并不比积极的暗示对孩子更有效,而且命令让妈妈的教育行动不能留下回旋余地。

例如妈妈命令孩子去睡觉,偏偏孩子置若罔闻,只管自己玩自己的,而妈妈一时也拿这些小淘气没办法。这样次数多了,孩子就觉得不听妈妈的命令也没什么,那下次也就更不会听了。如果妈妈明白孩子的心理,这样对孩子说:"呀,这东西真好玩呀!可惜时间不早了,乖孩子应去睡觉了。要不你再玩5分钟,就去睡觉,好吗?"这样既夸孩子乖,又是用征询的口气同他说话,孩子感到受到了尊重,也许到不了5分钟就乖乖地睡觉去了。而且这样为妈妈留下了余地,即使孩子暂时不听话,也不至于激得妈妈为了自己的威严而去与孩子大动肝火。但妈妈一旦向孩子发出了命令,那是一定得让孩子服从的,不然不利于以后的教育。

所以,妈妈对孩子一定要注意说话的语气,千万不要用命令的方式。在具体的家教实践中,妈妈首先要对孩子的心理进行一番"研究",然后想想自己在孩子这样的年龄,遇到同样的事时是怎样想的、怎样做的。这样就可发自内心地理解孩子,而从更高的角度看问题,解决问题的方法自然会得到改善。

伤害孩子的话永远别说出口

也许你从来没想到过,自己随便说出来的一句话,会对孩子的心灵产生多么重大的影响。你所使用的语句可能让孩子更加乐于合作,更加自信,但也可能令他们感到挫败和失去信心。

因此,作为母亲应该多说能解决问题并让孩子快乐的话语,应该永远拒绝那些伤害孩子的话溜出自己的嘴唇。

经常遭受"语言伤害"的孩子,心灵会比其他的孩子更扭曲,即使成年之后也会出现较多的行为障碍和个性弱点,难以适应社会。为了孩子健康成长,妈妈要对不良语言的严重后果予以高度关注,不要以为区区几句过头话不会对孩子造成多大危害,气急之下就口不择言地说许多刺激孩子的话,对孩子造成了心理伤害,却浑然不知。

妈妈作为孩子的"第一任老师"和"最亲近的朋友",要明白这样的心灵伤害甚至比肉体的伤害更严重,切不可让孩子感觉"最亲近我的人伤我最深",因而疏远、躲避妈妈。

作为一位母亲和外祖母,龚丽枚也面对过这样的尴尬和冲突。有一次,她和女儿带着6岁的外孙到西班牙度假。在一家商店里,外孙非要买滑板,但妈妈说:"你已经有两个了,不能再买了。你这个人,怎么这样贪得无厌啊!"

小男孩一下就躺在地上尖叫起来:"我就要,现在就要!"

龚丽枚说:"作为一个孩子精神心理专家,我感到十分羞愧,我就走出去了。"

在外面站了一会儿,龚丽枚觉得自己应该做些什么,就进去对外孙说:"我知道你很伤心,很生气,有的时候生活就是这么让人沮丧。不过我有个好主意,你愿意试试吗?"

小男孩觉得外婆理解他,又想尽力帮自己,就停止了尖叫。

龚丽枚说:"你想要滑板,可我和你妈妈都不愿意给你买。我们可以到别的商店看看,有没有商店愿意把它作为礼物送给你。"

小男孩高高兴兴拉着外婆的手来到另一家商店,外婆把他介绍给售货员,问是否能满足孩子。售货员说:"不,我们没有。"

两人走了4家商店都碰了钉子,到了第5家,小男孩说:"我不买滑板了,我还是玩家里的那个吧。"

碰到案例中的情况,通常情况下妈妈的反应都是会说"你不应该尖叫""不许哭"。但是作为一个人,出现这些情绪是正常的。妈妈应该尊重孩子的情感,允许他们表达,否则,就会造成对孩子心灵和情感的伤害。

怎样才能避免对孩子造成情感伤害呢？其实，妈妈要避免对孩子的"语言伤害"，并不是件难事。

首先，要多鼓励孩子，采用积极性语言教育孩子，时时刻刻注意不对孩子说伤害他们的话，尤其是在"恨铁不成钢"或气急的种种情况下，更要保持理智，控制好情绪，努力做到和风细雨、循循善诱。

其次，要做好自我调整，以平常心看待自己的孩子，根据孩子的生理、心理特点因材施教。避免说出诸如"你怎么越大越……""你都这么大的人了，竟然还……""你怎么就不能像人家……那样呢？""我刚才是怎么跟你说的？"之类的话。这些话语都会刺伤孩子的自尊和心灵。

再次，讲究批评的艺术，要以提醒、启发来代替指责、训斥。如用"我相信你可以做得更好"鼓励孩子有更努力的动机，用"没关系，慢慢来，尽力而为"帮助孩子调整焦虑、紧张的情绪，等等。

总之，"良言一句三冬暖，恶语伤人六月寒"，同样是语言，功效却截然不同。妈妈们若要科学地教育孩子、关爱孩子，就该多用"良言"，禁用"恶语"，以免对孩子造成"语言伤害"，酿成无法挽回的过错。作为妈妈，为了孩子，从现在开始，改变自己的说话方式吧。

第二章

如何说孩子才会听，怎么听孩子才肯说

每天要有和孩子"单独在一起说话"的时间

读初中一年级的一个男生曾对老师说："我很害怕放假。"老师很奇怪，因为孩子们总是盼望假期快一点到来。在老师的追问下，他说："放假在家里，父母都上班了，只有我一个人在家，我很孤独也很害怕，没有人和我说话。爸爸妈妈根本不重视我，他们回到家里只会问：'作业写完了吗？''这一天你都干什么了？'他们从不知道我在想什么，也不和我聊天。晚上睡觉我从不拉上窗帘，因为我要和星星、月亮说话。我很想上学，因为学校里有同学，和同学在一起我感到很开心。"

一项"家庭教育大调查"显示，60%的妈妈每天与孩子相处的时间有4小时左右。亲子共处时，最常从事的活动是：35%的妈妈和孩子在一起看电视，25%的妈妈在辅导孩子学习，剩下的则是游戏等。而妈妈每天和孩子说话的时间，则缩短在半小时以内，而且说的内容多是"教导性"的。

在这种情况下，家庭教育出现了"想要"和"需要"之间的落差，妈妈最想要的是：孩子功课棒、才艺佳、听话又乖巧。所以妈妈花时间与精力最多的，还是处理"课业与升学的压力""孩子学习的状况"等问题。然而孩子最希望与妈妈分享"心情和情绪",他们的心愿就是妈妈能多和他们说说话,而不是总问:"你今天的功课完成得怎么样?""今天你学会什么了?"

许多妈妈觉得给孩子吃好的、穿好的,关心关心他的学习,孩子就会感到很幸福。其实不然,要让孩子感到幸福,绝不仅仅是提供物质上的满足,更重要的是与孩子在精神上有很好的沟通。而每天抽出一定的时间陪陪孩子,就是与孩子进行精神交流的最好渠道。科学研究证明,最有威信的妈妈就是那些每天能安排一些时间和孩子说话的妈妈。

上班族妈妈们常常在跟时间赛跑,有时回到家时,孩子已经睡觉了,然而,聪明的妈妈仍能挤出时间陪陪孩子,和孩子聊聊天,分享他的心情、心事。即使能陪伴孩子的时间很短,但只要注重质量,仍然能让孩子感受到你对他的关心,建立良好的亲子关系,而当孩子得到妈妈的爱与关怀的时候,孩子的稳定情绪与自信心就会持续成长。下面这个妈妈就想出了一个聪明的方法:

"我把抽出时间与儿子交流,列为每天的工作内容之一。我回家晚,就强迫自己每天中午抽出半小时,作为与儿子固定的'煲电话粥'的时间,在这点时间里,我用电话与儿子联络,问儿子学习有什么困难,老师对他有什么要求,在学校表现出色不,需要妈妈给什么帮助。开始,儿子吞吞吐吐,不太爱讲,但经不住我启发和开导,他便把学校的困难,与同学的交往,甚至有哪个同学欺负他,等等,都讲给我听。我帮他分析原因,指点做法,引导他正确处理,使他感到每次与妈妈'煲电话粥'都很愉快、都充满喜悦和信心。慢慢地,每天中午,我不打电话去找他,他就会给我打电话,向我汇报学习上的困难,讲述生活中的趣事、思想上的困惑。他还调皮地称中午时间是'妈妈时间',是'热线时间'。"

另外,注重与孩子的情感交流,是妈妈与孩子成为知心朋友的前提,与孩子交流的时间最好选在吃饭时和睡觉前,因为这是孩子情绪最为平稳的时候。一个母亲,她从孩子很小时,就注意和孩子的情感交流。每天在孩子上床时都要问问他:"今天过得开心吗?"孩子长大后,就形成了在睡前和妈妈沟通的习惯,有什么不顺心的事就像朋友一样告诉妈妈。有了这样的感情基础,孩子就容易接受妈妈的建议和忠告,很容易跟妈妈建立起朋友的关系。

职场妈妈在工作时,可以暂时把孩子交给保姆、老人或是学校,但是谁也取代不了妈妈在孩子心目中的地位,你一定要多挤点时间陪陪小孩,因为孩子需要和妈妈"单独在一起说话"的时间,他需要从和你说话中知道你对他的爱,从而获得安全感和幸福感,同时,他也需要可以依赖的你来帮助他分担一些喜悦痛苦。如果缺少妈妈的陪伴与沟通,孩子就容易"情感饥饿"。"情感饥饿"的孩子特别喜欢撒娇、任性,偶尔还会做出一些古怪的行为,以引起妈妈对他的注意,又或者极端地自闭内向,郁郁寡欢。当孩子出现这些情况以后,妈妈才发现自己的失职,而后悔不已，但也许已经来不及了，因为弥补受到伤害后的亲子关系，赶走孩子的"情感饥饿"，大概要花很长很长的时间，甚至永远也不能实现了。

"蹲下来"和孩子说话

在一个圣诞节的晚上，一位年轻的妈妈，带着5岁的女儿去参加圣诞晚会。热闹的场面，丰盛的美食，还有圣诞老人的礼物……妈妈兴高采烈地和朋友们打着招呼，不断领女儿到晚会的各个地方，她以为女儿也会很开心。但女儿几乎哭了起来，妈妈开始还是很有耐心地哄着，但多次之后，女儿坐到地上，鞋子也甩掉了。

妈妈气愤地把女儿从地上拖起来，训斥之后，蹲下来给孩子穿鞋子。在她"蹲下来"的那一刹那，她惊呆了：她的眼前晃动着的全是大人的屁股和大腿，而不是自己刚才所看到的笑脸、美食和鲜花。她明白了女儿为什么会不高兴，她"蹲下来"的高度正是女儿的身高。这一次，她知道了，只有"蹲下来"和孩子一样高，妈妈才能理解孩子的感受，妈妈才能真正和孩子沟通。

众所周知，只有两头高度差不多，水才有可能在中间的管道里来回流动，如果一头高，一头低，水就只能往一个方向流了。孩子与妈妈的交流也是相同的道理。如果妈妈总是站着面对孩子，妈妈与孩子的距离，就不仅是身高上的几十厘米，而是一代人与一代人之间的距离，是一颗心与一颗心之间不能沟通的距离。所以，"蹲下来"和孩子说话，妈妈与孩子才有可能平等地交流。

"蹲下来"，不只是指在生理的高度上尽量地和孩子保持相同，而更重要的是指在心理上的高度要平等，是以平等的态度和眼光，用认真而亲切的态度，把孩子看成一个需要尊重的独立的人。因为只有在心理上妈妈不再居高临下，与孩子完全处于平等时，孩子才会把他的真实想法告诉你。这就是孩子为什么喜欢把心里话对自己的朋友说，却不愿与妈妈说的原因。

其实，是否"蹲下来"与孩子说话，只是一种方式问题，重要的是在妈妈心中，是否真正把孩子当作和自己一样，是具有独立人格的个体，这才是问题的本质。

美国精神病学家威廉·哥德法勃曾经说过："教育孩子最重要的，是要把孩子当成与自己人格平等的人，给他们以无限的关爱。"家庭内部民主平等的人际关系是孩子心理健康的"维生素"。尊重孩子，认识到孩子也是一个独立的人，有自己的情感和需要，放下做妈妈的架子，使孩子觉得妈妈和自己是平等的，这是妈妈为了孩子的健康成长而所应做的。

可是，在我们的生活中却常常可以看到妈妈站在那里，大声呵斥孩子:"过来!""别摸!""去!去!去!别烦我!"从说话态度来看,妈妈用居高临下、命令式的语言语调和孩子说话显得很威风,可在孩子心目中的妈妈,却并不可敬,这样的沟通效果自然不好,而且妈妈很容易在孩子心里失去威信,久而久之妈妈说的话孩子也不会听,甚至孩子还会在心中产生厌恶妈妈的情绪。

无数事例证明,妈妈以居高临下的姿态来关心孩子,反而会使孩子产生逆反心理。只有妈妈转变姿态,像对待朋友那样去关爱子女,才有可能让孩子感受到平等。

妈妈只有"蹲下来"和孩子说话,真正同孩子建立一种平等尊重的朋友关系,才能使彼此拉近距离,相互敞开心扉,更好地进行沟通和交流。

无论孩子的想法多么幼稚,也无论听起来多么没有道理,妈妈也要学会耐心倾听,让孩子尽情倾诉。妈妈还应该再学会多问一些为什么,比如孩子为什么会产生这样那样的想法,孩子为什么会认为自己的想法有道理,孩子为什么不赞同妈妈的看法,等等。

只有这样做了,妈妈与孩子之间的沟通和交流才会越来越多,越来越通畅。也只有这样,妈妈对孩子的教育才会越来越容易,妈妈同孩子之间的紧张关系才会越来越改善,家庭才会越来越和睦。有句话叫"家是休息的港湾",这句话不仅针对夫妻,针对妈妈,对于孩子们同样也是如此。

总之,"蹲下来"和孩子说话,是增强孩子独立意识的有效方式。"蹲下来"说话,不仅仅是一种行为的表现,还是一种教育观的体现。只有怀着崇高的责任心和热切的期望才能"蹲下来";只有把孩子看作是平等的个体才能"蹲下来"。

而只有"蹲下来",妈妈才能平视孩子,才能获得和孩子坦诚交流的机会,才能真正明白孩子心中所想以及他们行为的真实动机。

尊重孩子的说话权,做会"听话"的妈妈

露露是小学4年级的学生,最近,张老师发现露露变了。

露露以前活泼开朗、上课积极发言,现在却变得沉默寡言,总是一个人发呆,学习成绩也下降了。老师经过细心的了解,才知道了露露不爱说话的原因。

露露以前是个很活泼的孩子,每天放学回家后,都会把学校发生的趣事说给妈妈听,可露露的父亲是个对孩子要求非常严格的人,他把全部希望都寄托在露露身上,希望露露将来能考上大学,出人头地。

因此,妈妈对露露的学习抓得特别紧。他们觉得露露说这些

话都没用,简直是浪费时间,因此露露兴高采烈地说话时,父亲总是会打断她:"整天只会说这些废话,一点用也没有,你把这心思放在学习上多好,快去做作业!"

一次露露说班里发生的一件事,正说得兴高采烈时,父亲说:"说了你多少次了,让你别说这些废话,你还说,再记不住,看我不打你!"吓得露露一个字也不敢说,回到自己房间里去了。

慢慢地,露露在家里话越来越少了,每天放学都闷在自己的房间里,因为父亲也不让她出去玩,渐渐地,她的性格也就变了。

从露露的情况来看,亲子之间的沟通交流是影响亲子关系、孩子性格发展的重要方面。许多妈妈都忽视了与孩子的交流。不重视对孩子的倾听,时间久了,不良的影响就会表现出来。

各位妈妈检查一下,平时的你是否有以下行为:

不注意孩子倾诉的需求,当孩子有话与你说时,总是以"忙"为由,不去倾听。孩子兴致勃勃地诉说时,你经常不耐烦地将其打断。

生活中,大多数妈妈对孩子在生活上十分关爱,可在真正平等地对待孩子、注意孩子自尊等方面做得却很不够。

孩子学习和生活上有什么问题,在向妈妈诉说时,稍不如意,就被打断。妈妈不让孩子把话说完,轻则斥责,重则打骂,对此,孩子只能将话咽回去。据某一项调查,70%以上妈妈承认没有耐心听孩子说话。

一旦孩子的想法得不到妈妈的重视,他们只能把自己的秘密埋藏在心里，做妈妈的也就很难知道孩子的所思所想，这样对孩子的教育就会无所适从。

孩子的说话权得不到妈妈的尊重，久而久之，孩子就会与妈妈产生对抗情绪，以至双方相互不信任，沟通困难。

妈妈不让孩子把话说完，一方面不利于孩子语言表达能力的提高，另一方面也使孩子产生自卑情绪。孩子对着妈妈诉说内心的感受，是提高表达能力、增强社会交往能力的极好机会。

孩子都渴望有人听自己说话，在大多数的情形下，孩子与妈妈不能沟通，就是因为只有人说话而没有人听。如果妈妈们能多尊重孩子的说话权，对孩子的倾诉多一点耐心，不急于打断孩子的话，那么孩子遇到事情时就会乐于向妈妈倾诉，与妈妈建立良好的沟通。

当孩子说话时，无论妈妈有多忙，一定要用眼睛看着孩子，不要随意插嘴，尽量表现得你听得很有兴趣。让孩子发表他的观点，完整地听他所讲的话，如果你在某一重要原则上表示不同意他的看法，应告诉他你不赞同他的什么观点，并说出理由。

在提出反对意见时不要过于武断，不应否定一切。即使孩子是在胡说八道，也要控制你的火气，不妄下定论，直到完全理解清楚。

妈妈应尽可能地与孩子交流。而且，应该试着用不同方法使得孩子愿意与妈妈交流。作为妈妈，在倾听孩子说话时，理应更加细心，更加富有同情心。妈妈应该努力地尊重孩子，从而营造出更加友好的语言氛围。

同时，妈妈应该学会正确"听话"，不打岔、不否定、不责备，以便孩子可以畅所欲言，也便于妈妈看清孩子的内心世界，在此基础上才能创造更多与孩子交流的机会。

每个孩子都有自己的心声，需要有个会"听话"的妈妈来倾听。妈妈尊重孩子的说话权，积极做个会"听话"的妈妈，才能够真正了解孩子的想法和感受，亲子之间才能良好沟通，建立和谐的关系。

80/20——与孩子对话的黄金法则

作为妈妈的你是否经历过这样的情况：当你拖着疲惫的身体，努力地打起精神，准备和孩子好好沟通沟通时，不是被孩子三言两语给打发了，就是被噎得半天回不过神来。不但不能达到了解孩子的目的，还惹得一肚子气，逐渐丧失了和孩子谈话的兴趣，以至于越来越不了解孩子，越来越不知道该怎样教育孩子。因此，妈妈一定要学会与孩子交谈的技巧，而这个技巧，就是有名的 80/20 法则。

1897 年，意大利经济学家帕累托偶然注意到英国人的财富和收益模式。他发现,社会上的大部分财富被少数人占有了,而且这一部分人口占总人口的比例与这些人所拥有的财富数量具有极不平衡的关系。于是,帕累托从大量具体的事实中归纳出一个简单而让人不可思议的结论:如果社会上20%的人占有社会80%的财富,那么可以推测,10%的人占有了65%的财富,而5%的人则占有了社会50%的财富。这样,我们可以得到一个让很多人不愿意看到的结论:

一般情况下,我们付出的80%的努力,也就是绝大部分的努力,都没有创造收益和效果,或者是没有直接创造收益和效果。而我们80%的收获却仅仅来源于20%的努力,其他80%的付出只带来20%的成果。

显然,80/20法则向我们揭示了这样一个道理,即投入与产出、努力与收获、原因与结果之间,普遍存在着不平衡关系。小部分的努力,可以获得大的收获。起关键作用的小部分,通常就能主宰整个组织的产出、盈亏和成败。

所以,我们做事情应该要把自己的精力花在重要的少数问题上,因为解决这些重要的少数问题,你只需花20%的时间,即可取得80%的成效。而和孩子谈话,亦是如此。

妈妈和孩子能够顺利地交流思想,对于相互之间保持良好关系非常重要,妈妈都希望孩子和自己讲讲他们内心的感受,这样妈妈就可以理解和帮助他们。如果我们问妈妈:"你经常与孩子交流吗?"

得到的回答常常是:"当然啦,我们经常说,可他一点也不听。"

其实,妈妈所谓的交谈,其中很大一部分是唠叨、批评、说教、哄骗、威胁、质问、评论、探察、奚落……这些做法不管出发点是多么好,都只会使相互间的关系更加紧张和充满敌意。试想,如果孩子是你的朋友,你总是板起面孔不管不问地说一大堆,你们的友谊还能维持多久?

妈妈们常常犯一个重要的错误,就是她们说得太多。她们过早地对孩子进行长篇大论式的谈话,并且还常用一些孩子听不懂的词。那些在孩子很小的时候就开始对他们讲大道理的妈妈发现,随着孩子年龄的增长,他们变得越来越不好管教。当他长到十几岁时,他的妈妈又试图用严厉的惩罚来对待他们,但是已经听惯了大道理的孩子会比一般的孩子更不接受这种惩罚。

所以,要根据孩子的年龄和成熟程度把握好谈话的"度"。美国著名的成功学大师在教导人们怎样对话的时候,建议我们把80%的时间留给对方来发言,把剩下的20%的时候拿来提一些能够启发对方说下去的问题。可以说,对话的过程重在倾听,妈妈们更是要懂得这个法则。

一般而言,最好对年龄小的孩子侧重管教,而对大孩子则多交谈。例如,告诉2岁的孩子电源是危险的不能碰,就不如把他的手一把拉开并严厉地说"不能碰",更能使他立即理解你的意思。

可是，如果你不对一个 13 岁的偷偷抽烟的孩子详细地解释尼古丁的害处，而是简单地责罚他，那么将不能收到好的效果。在这些青少年的世界中，他们需要大量的空间去表达自己、需要耐心的听众。妈妈们多多倾听，让他们说出自己的想法，并且及时解答他们的疑惑。这就像大禹治水，重在疏导，而不是想办法用东西堵塞。

当孩子厌烦了你的话语，甚至一听你的谈话就蒙着耳朵钻进被子里，不妨巧妙地运用 80/20 的黄金法则，作为妈妈的你就会发现其实我们可以花最少的力气取得最好的效果。

做积极倾听的妈妈，耐心地听孩子把话说完

一位母亲问她 5 岁的儿子："假如妈妈和你一起出去玩时渴了，一时又找不到水，而你的小书包里恰巧有两个苹果，你会怎么做呢？"

儿子小嘴一张，奶声奶气地说："我会把每个苹果都咬一口。"

虽然儿子年纪尚小，不谙世事，但母亲对这样的回答，心里多少有点失落。她本想像别的父母一样，对孩子训斥一番，然后再教孩子该怎样做，可就在话即将出口的那一刻，她突然改变了

主意。

母亲握住孩子的手，满脸笑容地问："宝贝，能告诉妈妈你为什么要这样做吗？"

儿子眨眨眼睛，满脸童真地说："因为……因为我想把最甜的一个留给妈妈！"

那一刻，母亲的眼里隐隐闪烁着泪花，她在为儿子的懂事而自豪，也在为自己给了儿子把话说完的机会而庆幸。

可以想象，如果上文中的妈妈开口训斥了孩子，那么她很可能听不到孩子的内心想法了，这样的误解和责怪不仅伤害了孩子的心灵，还破坏了良好的亲子关系。然而生活中，这样做的妈妈很多很多，所以才有那么多母子之间沟通有问题。其实，很多时候，妈妈多有点耐心听孩子把话说完，就能起到完全不同的效果。

耐心听孩子说完，是一种积极的倾听，但是积极倾听不完全是指默默地在一边听对方说话。积极倾听的核心是以平等的姿态，鼓励对方说出真心话。倾听者要暂时忘记自己或把自己的评判标准放一边，不管你对对方的言语或行为持赞成、欣赏还是批判、反对的态度，都要无条件地接纳对方。积极倾听关注更多的不是话语，而是对方的心理。积极的倾听不仅要感同身受地去体会对方的心情，而且要引导对方抒发情绪，宣泄不满、愤懑、悲伤、快乐、喜悦……

妈妈平日在生活上非常关心孩子，可在真正平等地对待孩子、关注孩子心理健康方面做得却很不够。孩子遇到一些问题，在向妈妈诉说时，不是经常被打断，就是不被重视，甚至是被指责。所以孩子只能将很多话咽回去。有时，妈妈只是机械地听孩子诉说，体会不到孩子在倾诉时的情绪，这种情况下，孩子的想法得不到妈妈的重视，他们只能把自己的秘密埋藏在心里，做妈妈的就很难知道孩子的所思所想，这样妈妈对孩子的教育就会无所适从。另外，妈妈不尊重孩子的说话权，久而久之，孩子就会对妈妈产生反抗情绪，导致亲子沟通出现问题。一份调查显示：70%～80%的儿童心理卫生问题和家庭有关，特别是与妈妈对孩子的教育和交流沟通方式不当有关。另外，妈妈不懂得倾听孩子，也会从侧面限制他语言能力和社交能力的发展。

要学会积极倾听，最简单也是最重要的就是当孩子说话时，无论你有多忙，一定要用眼睛看着孩子，不要随意插嘴，尽量表现出你听得很有兴趣。让孩子发表他们的观点，完整地听他所讲的话。对于青春期的孩子更是如此。

很多青春期的孩子往往有较强的逆反心理，他们不喜欢听妈妈说话，更不愿向妈妈倾诉心事。但是如果他向你谈起自己的往事时，请千万要耐心、感同身受地去倾听。他告诉妈妈，证明他在努力向妈妈敞开心扉，试图缩小与妈妈的心理距离。当他说出曾经所受的伤害时，就应当去接受，去理解，去发现更能治疗"伤疤"的方法。如果你在某一重要原则上不同意他的看法，应告诉他你不赞同他的什么观点，并说出理由。当孩子被积极倾听了，他也更加愿意倾听妈妈的话。

用好身体语言比说好口头语言更重要

妈妈与孩子之间的沟通障碍其实很大程度来自肢体语言。妈妈的表情、口气和交谈时的肢体动作传达感情的程度决定了亲子之间的沟通质量。

心理学家认为，在人际交往中，身体语言能比口头语言传递更多的信息。我们用语言所传达的信息不会超过所有信息的30%，而其余70%的信息是通过非语言的方式进行表达的。而在与年龄较小的孩子交往时，这种比重相差更加悬殊。据研究，在孩子语言能力没有成熟前，妈妈与他交流时，这种非语言的表达方式能占97%的比重。

其实孩子对于妈妈的表情的敏感程度，远远超过了妈妈的想象。曾经有这样一个实验：让妈妈面无表情地看着6个月大，正在笑的孩子，结果，不一会儿，孩子就不再笑了。当妈妈离开后，再次回到孩子身边时，他根本就不看妈妈，故意不理会妈妈。实验证明，面无表情或郁郁寡欢的妈妈会很容易刺伤孩子的心。孩子虽小，但他却能清晰地从妈妈的表情、动作上感觉到妈妈的态度。

大一点的孩子更不用说了，他们更善于观测妈妈那些语言之外的东西。因此妈妈在与孩子的交往中，不仅要留意自己的身体语言所传达的信息,也要学会读懂孩子的身体语言。

一个5岁的孩子撒了谎,对妈妈说:"窗帘不是我弄脏的。"他很可能会在说完之后立刻用一只手或双手捂住自己的嘴巴;如果不想听父母的唠叨,他们会用手捂住自己的耳朵;如果看到可怕的东西,他们会捂住自己的眼睛。当孩子逐渐长大以后,这些手势依旧存在,只是会变得更加敏捷让别人越来越不容易察觉。而在教育孩子的过程中,妈妈可以适当地运用肢体语言,这样可以强化妈妈口头语言的使用效果。特别是对年龄偏小的孩子来说,妈妈的肢体语言可以使他们柔弱的心灵受到莫大的安慰,例如,一个鼓励的眼神、一个温暖的拥抱,都会使他们觉得温馨,具有安全感。

又如在一些日常的小事中,妈妈也常可以利用肢体语言缓解孩子的心情。

孩子想妈妈了、被别的小朋友欺负时,可以把孩子搂在怀里,脸贴着脸,缓缓地拍着他的背部,嘴里可以轻轻地说些安慰话,孩子那颗惊恐失措的心会渐渐趋于平静。同时,在和孩子谈话时蹲着,让孩子平视你,当他说话不着边际时,妈妈都微笑着等他说完再发表见解,可以伴些手势和面部表情,使孩子觉得自己像大人一样被尊重。

或者和孩子玩游戏时,调皮的孩子故意耍赖,妈妈要么刮他们的鼻子,要么摸摸他们的头,再不然就亲亲他们……这时候孩子们开心极了,他们会围着妈妈又蹦又跳,显得异常的开心。

总之，除了正常的语言交流外，妈妈给予孩子的一个适时的拥抱或者一个轻轻的吻，都可以很好地激发孩子的积极性，让他们体会到妈妈的可亲可敬。而且对于那些调皮捣蛋的孩子来说，当他们犯了错误的时候，妈妈一个严厉的眼神，也许比责骂更有效果。

妈妈的一颦一笑，甚至同一句话使用的不同口气，都可以成功地向孩子表达自己的感情。适当地运用肢体语言，多给孩子一份关爱，妈妈们就一定会多收获一份欢乐，就让妈妈们多用一些肢体语言拉近与孩子之间的距离吧！

用孩子的眼睛看世界，孩子才会听你的道理

深冬的早晨，在一个犹太社区中心健身房外的走廊里，有个2岁的男孩突然大发脾气：他一下子趴到地下，又哭又叫，两脚乱踢，两手乱抓。而他的母亲就在他身旁却一句话都不说，放下手里的包袱，先蹲下，再坐下，后来索性全身趴在地上，使她的头和儿子的头成了一个水平线，两个人的鼻子也碰在一起。走廊里来来往往的人很多，大家都小心地绕开他们，尽量不去注意他们；母子两个旁若无人地趴在那里好半天。最后，孩子脸上的愤

怒慢慢消失，显露出平静，哭叫声变成了耳语，终于把哭红的小脸靠在地板上，他的妈妈也同样把脸靠在地板上。孩子看母亲，母亲就看孩子。最后孩子站起来，母亲也站起来。母亲拿起丢下的包袱，向孩子伸出手来。孩子抓住了母亲的手。两人一起走过了长长的走廊，到了停车场。母亲打开车门，把孩子放在儿童座上扣好，亲了一下他的额头。孩子的情绪已经变得非常安稳甜蜜。而在这整个过程中，当母亲的居然没有说一句话。在一旁一直跟踪观察他们的作者，简直要情不自禁地为这位母亲鼓掌！

　　这是《一岁就上常青藤》这本书的作者薛涌讲述的发生在美国街头的一幕场景，母亲专心致志地趴在地上，仿佛要尽自己最大的努力从孩子的角度来理解他发脾气的原因。正是由于这一点点虔诚的努力，两个人建立了默契的沟通，孩子平静了下来，而这位母亲自始至终没有说一句安慰孩子的话。也许你会感到很奇怪：既然母亲一句话都没有讲，是什么力量安抚了孩子原本不平静的脾气呢？

　　这位妈妈的法宝，就是用孩子的眼睛看世界，与孩子感同身受。而与孩子交流，首先最重要的就是要懂得用孩子的眼睛来看世界。在日常的生活中，可能很多人都有这样的经验：当我们被人理解之后，内心就会感到温暖有助而心心相印，在这种情况下的人通常容易打开心扉畅所欲言。而当一个人感到自己不被人理解的时候，内心就会感到委屈孤独，什么都不愿意说，甚至是刻意疏远别人。成人都如此，更何况是孩子？所以，妈妈在爱护孩子、在教育孩子的时候,也应该设身处地地把自己放在孩子的角度考虑他是否可以接受。

很多妈妈为与孩子沟通感到头痛:孩子心里有秘密不会告诉你;孩子遇到了难过的事情不会找你诉说,甚至是孩子遇到了困难都不愿意找你来帮助。难道我们不爱自己的孩子吗?他们为什么却要对我们充满了敌意呢?你的至理名言,被孩子当成了耳旁风;你苦口婆心的训导,让孩子感到心烦意乱。这到底是为什么呢?作为妈妈,如果不懂得从孩子的角度来和他交流,那一定会使沟通出现重重的障碍。

有一位妈妈,对自己的孩子很是头痛,因为她的孩子深深迷恋于游戏机不能自拔。爱子心切的母亲怀着恨铁不成钢的心情,每当看到孩子总会劈头盖脸地训斥一番,可是她不曾想过,孩子怎么会甘之如饴地接受她的责骂呢?虽然妈妈是出于对孩子的爱护,但是却不可能收到良好的效果,反而会加重孩子的逆反心理。

但是另一位妈妈就很懂得教育的艺术,她在教育孩子之前用心体会了儿童的心态,虽然对孩子沉迷于游戏的状况感到担忧,但是却使用了让孩子可以亲近的方式,比如用儿童式的语言问孩子:"你今天的手气怎么样?有没有破纪录?"通过这样的问法,我们可以轻松得知孩子现阶段对游戏的痴迷程度,而且不会让孩子有所警觉。结果,这个孩子兴致很高,说:"我今天打到了10000分。"这位妈妈的问话传递出的信息并不是对游戏的厌恶,而是好奇,所以让孩子觉得妈妈对游戏也很感兴趣,因为你们对同样的事物感兴趣而愿意和你交流,只要愿意和你沟通,以后的说服就会变得容易很多。

同时,当妈妈试图努力让自己用孩子的角度来看问题的时候,他们也会逐渐意识到应该学着用妈妈、老师的眼光来理解世界,这样,妈妈的价值观念,才能得以很好地传递给孩子。

如果妈妈细心地感受孩子的人生,不剥夺孩子自由的呼吸空间,那么孩子就能和妈妈好好沟通,就能听得进去妈妈的教导。所以,妈妈应该懂得用孩子的眼睛来看世界,努力让自己通过孩子的视角让他们掌握基本的做人原则,并鼓励他们用这样的原则来理解大人。

争辩有理顶嘴无罪,亲子沟通更容易

随着孩子年龄增长,到了3～4岁时,其独立欲望明显增强。他们开始意识到自己的存在,不愿处处被人压制,不满足于模仿成人,而是要求独立思考,独立行动。如果妈妈对孩子照顾过多,干涉过多,就会使他们特别反感。其突出表现是不听指挥,自行其是,经常跟妈妈顶嘴,令妈妈头疼。随着年龄的增长,到了7～8岁,孩子和爸爸妈妈顶嘴的事就多了起来,到了

11～12岁时,孩子几乎会天天和妈妈顶嘴。所以,如果不能够从一开始就很好地解决孩子顶嘴的问题,以后做妈妈的就会更加头疼了。

现在的孩子接受教育较早,看书看报多,接受知识多,他们的知识面比妈妈当年要宽得多。这直接的结果是判断是非的能力强了,要求独立的心理强了。还应该看到,顶嘴也是他们表达自己的判断的一种特定方式。孩子追求独立性,强调自己判断是非的能力,这与孩子的"不良品行"是不能相提并论的。孩子表达自己的判断,不可能像大人那样圆滑和委婉。所以对孩子的顶嘴,妈妈不要一概斥之为不礼貌,不尊敬长辈,要区别对待。

其实,争辩是有理的,顶嘴也是无罪的,而且合理的争辩顶嘴有利于亲子沟通。孩子也是讲道理的,你与孩子争辩,孩子觉得你讲道理,会打心眼里更加爱你、尊重你、信赖你。你要孩子做的事,他通过争辩弄明白了,更会心悦诚服地去做。所以,孩子与妈妈争辩,不要怕丢了妈妈的面子,不要担心孩子不听话,不尊重你,与你为难。要鼓励孩子把真心话说出来,尽管会引起争执,但是也是有利于互相了解和沟通的,如果孩子不与妈妈争辩,而是把心里的想法隐藏起来,反而会造成两者之间的隔阂和沟通障碍。

另外,如果一个孩子从来不与人争辩,看上去总是一副与世无争的样子,那么这个孩子的勇气、进取心和正义感就很值得怀疑了。妈妈在教育孩子的时候，更要注重孩子是否以自己的观点来和妈妈进行争辩讨论，这样有利于判断孩子的独立思考、辩论的能力。

心理学家认为："能够同妈妈进行争辩的孩子，在以后会比较自信，有创造力，也会更合群。"试想，如果一个孩子处处、事事都按妈妈的话去做，按照老师的话去做，而没有自己提问题的心理空间，这样培养出来的孩子能有创新意识吗？能有创新能力吗？所以说，应该允许争辩，不要介意孩子顶嘴，这看起来是管教态度，实际上是教育思想和理念的一种反映。

但是，如果孩子顶嘴习惯成自然，也不利于他的学习和成长，甚至会影响长大成人后的人际关系。对于孩子的顶嘴，专家开出如下"药方"，"药方"的主旨是，要从妈妈自身做起：

1. 建立和谐的家庭氛围。如果家庭成员彼此间缺乏尊重，动辄脏话满嘴，或者互相说些"抬杠"的话，孩子一旦具备了一定理智水平，就会从心底里不尊敬妈妈，顶嘴便成了家常便饭。家庭成员之间要相亲相爱，互相关怀，即使存在分歧，也尽量不在孩子面前争吵，而是通过协商解决。

2. 尊重孩子要求独立的愿望。放手让孩子自己去干、去做、去想，妈妈尽可能为孩子提供活动机会，创造活动环境。不一味地要求孩子按照成人的模式行动，当孩子有了一个与众不同的设想，做了一件从来未做过的事，妈妈应积极支持，及时赞许。

3. 引导孩子说理，为自己申辩。固执地要求孩子按照自己的要求去做而不顾及孩子的感受，这样孩子会感到很委屈。发扬家庭民主，给孩子更多的发言权，首先要允许孩子申辩，鼓励孩子申辩。既然你批评孩子，就应允许孩子有这种权力。这样的好处是让孩子感到无论做什么，有理才能站稳脚跟，对发展孩子的个性很有利。

4. 培养孩子良好性格品质。妈妈要教育孩子尊重长辈，启发孩子对别人的意见要多动脑筋，认真考虑后再讲话，以培养稳重、忠实，善于克制自己的良好的性格品质。

5. 注重与孩子的精神交流。每个孩子都渴望得到成人的理解，妈妈应学会经常听听孩子的意见，努力理解他们的感受，并用"我想……"来表达自己的意见和评价，使孩子感到妈妈的温存、抚爱，从而乐于接受妈妈的意见。

6. 妈妈的教育方式不能简单粗暴。妈妈教育孩子时，不要用命令的方式，而应以友善的态度启迪孩子，避免枯燥的说教。如果只是发号施令和严厉训斥，孩子一时会被妈妈的威风吓住，做听话状，但他再稍大一些，则不会买妈妈的账了。

7. 批评教育孩子切忌唠叨。妈妈对孩子的不当言行，有责任做必要的提醒、忠告，乃至严肃的批评，但必须言简意赅，切忌一味重复，有的妈妈缺乏这方面的知识，说话抓不住重点，反反复复唠唠叨叨，让孩子十分厌烦，这也是引起孩子顶嘴的原因之一。

妈妈与孩子争辩，能活跃家庭气氛，在交流中，表现出一种亲情和友爱，拌嘴、争辩是重视对方的一种方式。所以说，应该允许争辩，不要介意孩子顶嘴。

让孩子服从你，不如让孩子理解你

最近，文文对新热播的电视连续剧很是着迷，为了让看电视和完成作业两不耽误，文文决定一边看电视一边做作业，结果她的作业本上到处可见醒目的叉叉。

"文文，不可以再看电视了，回屋里去写作业。"妈妈不得不对文文下"最后通牒"。

文文听了妈妈的话，心中很是不爽，唉声叹气地抱怨说："我真是一个倒霉的孩子。"妈妈听了之后，诧异地推推眼镜仔细地看着自己的孩子，不知道她为什么要这样讲。

"实在是不公平，为什么你们大人就没有家庭作业？为什么你们白天在外面忙碌一天之后晚上回到家可以休息，我怎么就不行？"文文实在是想不明白，"做学生是最辛苦的，我也想和你们一样上班，这样的话我晚上就可以休息了。"

对于文文的话，妈妈一时不知道如何向她解释，因为工作并不是像她想象中的那样简单，也是需要承担责任和风险的。可是，文文从来都没有体谅到自己的妈妈，反而觉得自己是最辛苦的。

现在有很多孩子和文文一样，不知道自己的妈妈每天都在忙些什么，不知道他们吃的、穿的、用的东西是从哪里来的，反而觉得他们吃好、穿好、用好是天经地义。甚至有一些不懂事的孩子认为妈妈不需要去尊重。

很多妈妈总是认为只要孩子吃好穿好，听话懂事就行了，她们不愿意让孩子了解自己工作生活的辛苦，也没有给孩子理解自己的机会，自顾自地觉得自己为孩子撑起了天，孩子就应该服从自己，但是，孩子并不认同这个道理，他们并不会认为自己就一定要服从妈妈。其实，让孩子服从你，不如先让孩子从内心理解你，这对亲子沟通来说很重要。当孩子对妈妈付出的辛劳越是了解，就越是会从内心里理解和尊重自己的妈妈，也才能真正心服口服地听从妈妈的劝告。否则的话，孩子会觉得自己所获得的一切是理所应当。

《新文化报》的记者曾经在一地区的3所省重点中学发了280份问卷调查，结果令人震动：

问题一：你的袜子谁来洗？

95% 妈妈或其他长辈洗；5% 自己洗。

问题二：你认为妈妈辛苦吗？

22% 一般；59% 很辛苦；19% 不辛苦。

问题三：你常与妈妈沟通吗？

22% 经常；26% 偶尔；52% 几乎从不。

问题四：你给妈妈做过饭吗？

20.5% 没有；66% 有过一两次；13.5% 经常给妈妈做饭。

问题五：你常对妈妈说感激的话吗？

39% 是；20% 只是偶尔；41% 几乎从不。

问题六：妈妈不高兴时，你安慰过她吗？

62.2% 有；5.4% 没有；32.4% 有一两次。

问题七：你为妈妈洗过脚吗？

17% 洗过几次；20% 只洗过1次；63% 从来没洗过。

问题八：你觉得应该回报帮助过你的人吗？

20% 没考虑过；62% 应该；18% 不用。

问题九：遇见教过你并常批评你的老师，你会说话吗？

86% 不理她（他），假装没看见；14% 会主动上前打招呼。

在这份问卷调查中，有52%的孩子表示自己几乎从来不和妈妈沟通。对于"你认为妈妈是否辛苦"的这个问题，有19%的孩子觉得妈妈不辛苦。"我一点也看不出爸爸妈妈辛苦。他们每天早上起来给我做早饭，然后送我上学，晚上再来接我回家。天天如此，从来没有听他们说过自己很辛苦啊。"妈妈只是没有把生活的辛苦和沧桑挂在脸上，孩子们就以为自己的妈妈一点都不辛苦。而在对"你常对妈妈说感激的话吗？"这个问题上，41%的孩子选择从来没有，并且认为："他们是我的爸爸妈妈，对我好是自然的。别人的爸爸妈妈也对自己的孩子很好啊，我又有什么特别吗？"

其实，当妈妈与孩子之间是相互尊重、相互理解、地位平等的时候，孩子就能更好地感受到妈妈对自己的爱，妈妈为自己做出的牺牲；当孩子完全从属于妈妈的时候，他们就会无视别人为自己做的一切了。确切地说是他们没有自己。

如果你的孩子也是这样，那就应该想办法引导自己的孩子认真考虑一下：妈妈每天不仅要做好自己的工作，还要费尽心思照顾全家人的生活，即使面临着工作和家庭的经济压力，也很少跟孩子提起，实在是很不容易。当妈妈空闲的时候，可以给孩子讲一讲他们工作的情况，让孩子了解妈妈工作的艰辛，做到心中有数。无论妈妈是从事什么职业，都是靠自己的双手在劳动，都是凭自己的本领在吃饭，都值得孩子敬重。当孩子对妈妈付出的辛劳越了解，才越会从心里相信和敬重妈妈，才会真正心服口服地理解妈妈。

或者，妈妈还可以试试以下的一些方法：

1. 教育孩子学会理解，凡事除了从自身的角度考虑之外，还要推己及人，以他人的观点观察一下，这样才能不失偏颇。

2. 和孩子建立亲密的沟通，让孩子了解妈妈的烦恼和辛苦。可以在晚饭的时候和孩子多聊聊天，让孩子也能了解自己在工作中遇到的问题。

3. 教育孩子珍惜妈妈的劳动，让孩子也参加到一些简单的劳动中来，在劳动的过程中让他体会到做任何事情都不是轻而易举的，必须付出努力，并让孩子理解妈妈对他的期望以及为此所做的一切。

　　当孩子不能理解妈妈的苦心时，妈妈应该静下心来与孩子进行交流，告诉他你的困难、辛苦以及工作的状况，让孩子去理解你、关心你，这样才能有利于孩子的健康成长。

第三章

怎样把学习的"苦差"变成轻松的事儿

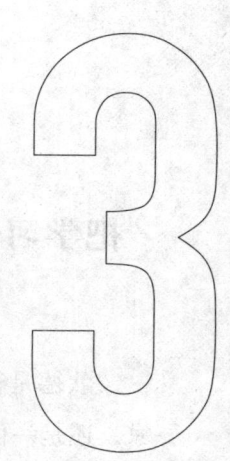

把学习做成一场表演，让孩子在角色中学习

歌德是德国最伟大的诗人，是德国乃至整个欧洲著名的作家，还是一位多才多艺、知识广博的艺术家和科学家，备受世人的尊敬。他8岁能阅读德、法、英、意大利、拉丁、希腊等多种文字的书籍，14岁开始写剧本，25岁用了4个星期完成了风靡全球的小说《少年维特之烦恼》。人们称歌德为天才，这个天才的出身很普通，不过他有一对不一样的父母。

1749年8月28日，歌德出生于莱茵河畔的法兰克福。父亲曾获法学博士学位，当过地方官。歌德小时候常和父亲去林中散步，背诵大自然的诗歌，认识动植物；稍大一些之后，父亲带他到各地旅游，走到哪里，父亲都能介绍出当地的历史、风土人情。

歌德家常有宴会，当然都是为孩子们举办的。这时歌德被允许站在椅子上，面对观众做演讲。他从结结巴巴、词不达意，慢慢变得口齿伶俐、声情并茂起来。

歌德的母亲是当地市长的女儿，她爱好文学，喜欢给孩子讲故事。有时到了关键处，妈妈故意停下来，要歌德设想接下来发生的事。母亲请人在家中演木偶戏，看完之后，歌德就和其他孩

子兴致勃勃地排演这个剧目，他们背诵台词，准备道具，慢慢发展到自己写剧本，扮演角色。

歌德后来在回忆录上写道："这种儿童的玩意和劳作从多方面训练和促进了我的创造力、表现力、想象力以及一种技巧，而且是在那样短的时间，那样狭小的地方，花那样小的代价，恐怕更没有别的途径能够有这样的成就了。"

很多妈妈说，孩子学习很用功了，但就是记不住东西，于是怀疑是营养跟不上，买了很多号称"增加记忆力""提高学习效率"的营养品！但结果是孩子的体重上去了，学习成绩没有上去。

有没有不花钱但又能让孩子爱上学习、增加记忆力的办法呢？这也是有的，可以从世界著名的博学之人歌德的成长故事中得知。

无论是到林中散步，还是自己想故事或自己扮演角色，歌德所接触到的教育都是能够亲身参与、身临其境的。在学习的时候，他调动了自己的感情、语言、动作，全身心地投入其中，所起到的效果当然要比死记硬背好得多。歌德学习的时候并不是为了记忆知识，却达到了牢记知识的效果，这种高效的学习方式，未尝不可借来一用。

孩子们现在会接触到很多人文知识，从历史到政治、地理，信息量很大。而他们的人生经验很有限，也没有时间去名胜古迹旅游、去剧院一一观看历史剧，更不可能为了学一段历史就去守着相关的电视剧看,何况电视剧中有很多的演绎成分,会混淆孩子的历史观。这时候,妈妈们就可以和孩子做角色扮演的游戏,比如今天学了唐朝的藩镇割据,就可以找出安禄山、唐明皇这些角色,帮他们设计台词,给他们一个画地图、指点江山的地方。当然,还可以发动爸爸、爷爷、奶奶等一起参与其中,让整个故事更加丰富、复杂。

当然,孩子们要背诵的不仅是历史知识,还有政治上的一些常识。很多学校都会在学校展开"模拟法庭",让孩子们扮演被告、原告、律师等,这也是一种角色扮演的教育方法。家长们在家里,可以把场景和道具都改变一下,比如从民事案变成刑事案,加深孩子对知识的理解,那样他们才能掌握更好地掌握一门学问。

事实上,在很多欧洲国家,以及日本、韩国,这种角色扮演的活动是学习的重点,很多家长都必须为孩子准备好表演的道具,有时候家长也必须到学校去参加各种表演。如果谁的家长没有去,校方就会认为家长不支持教育,孩子也会因此而感到自卑,在同学面前抬不起头。

如果妈妈觉得角色扮演的做法太可笑了,大人怎么能和孩子一起疯疯癫癫,那将会非常遗憾,孩子因为妈妈的这个想法,错过了一个好玩又有意义的学习过程。任何学习的方式,都比不上身临其境、设身处地地思考,他在背诵上花了好几个小时,不如花一点时间扮演一回大唐皇帝。而且整个家庭的氛围都会变得活泼、快乐起来。

很多妈妈为了孩子可以什么都不要,却不能为了孩子扮演一个虚构的角色。在成年人的眼中,很多事情都没意思、太可笑,但在孩子的眼里,恰恰是那些游戏最能带给他们快乐。如果你真的是一个爱孩子的妈妈,就要下决心去改变自己的想法,做真正能帮到孩子的事情。相比孩子记不住知识的沮丧和自卑,妈妈偶尔"疯狂"一把又算什么呢?

不要把学习暗示为"苦"事

很多妈妈从孩子小时候就向他灌输"学习要刻苦努力"的观念,以期培养孩子良好的学习态度,但殊不知,少有孩子会认同妈妈。因为人的天性是避苦求乐,妈妈将学习暗示为一种"苦",孩子自然就对学习这件"苦事"开始回避。

杜威认为,"凡是所做的事情近于苦工,或者需要完成外部强加的工作任务的地方,游戏的要求就存在"。如果妈妈把学习暗示成一件"苦事",或者给孩子强加了很多任务和压力,使得学习成了一件"苦事",孩子就会想逃避,想玩耍而不想学习。所以,要想让孩子喜欢上学习,就不要把学习暗示成或者弄成一件"苦"事,因为没有一个人能在讨厌一件事的情况下把一件事做好。

所以,妈妈在督促孩子学习的时候,要让孩子学会轻松学习的态度,养成轻松学习的习惯!

首先,轻松学习需要劳逸结合,合理安排时间。心理学专家认为,每天要有充足的睡眠时间:初中生为9小时,高中生为8小时。为了更好地学习,每天至少要保证8小时的睡眠时间才能有充足的精力高效率地学习。

一个人的精力如同一根弹簧,你如果在它的弹性限度内拉开它,手一松,就会弹回去,恢复原来的状态。但假如你无限度地拉,超出了弹簧的弹性限度,当你再松手的时候,它就不会再恢复原状了。

如果孩子睡眠不足,每天"超负荷学习",就好似超过"弹性限度",时间长了,必定影响身体健康。同时,由于大脑连续工作时间过长,会疲劳不堪,从而孩子会感到学习很累,轻松更无从谈起,学习效率也会大大降低。孩子的大脑每天都处在兴奋和抑制的交替进行状态,即学习时大脑皮层兴奋,随着学习的进行,兴奋逐渐减弱,并出现抑制,这就需要使大脑得到休息。当孩子学习感觉到很累的时候,不妨就小睡片刻,这样精神就会很好,因为这时睡觉会马上进入梦乡,所以睡眠质量很高,可以马上补足精神,精神补足后,学习效率就会提高,学习也变得相对轻松起来。

妈妈可以帮助孩子养成学习中途休息不超过10分钟的习惯，因为超过10分钟，会较难收心。中午时分，如果能小睡一下，下午和晚上都会很有精神。另外，体育锻炼是休息的最佳方式，这是一种积极的休息方法，对提高学习效率非常有帮助。事实上，只有做到劳逸结合，学习才会变得轻松起来。

其次，轻松学习也要适合孩子的个性。在学习中，每个人的个性各有其优势，不必羡慕别人，别人的方法未必适合自己的孩子。丰富而自由的个性也是一个社会之所以具有丰富创造力的根本原因，没有个性的存在，没有个性表现的自由，就不会有创造力。

再次，轻松学习需要培养孩子的记忆力。许多妈妈认为，人的记忆力是天生的，无法培养。事实上，这种说法是错误的。没有一个人在生下来的时候就认识他的妈妈。他之所以能够认识自己的妈妈，是因为妈妈经常和他在一起。因此，人记忆力的好坏不仅与遗传因素有关，更重要的是和记忆的条件、记忆的方法有关。许多妈妈以为孩子记忆力不佳是资质比较愚钝，其实不然，大多数孩子记忆力差，是因为没有掌握记忆的规律，缺乏正确的记忆方法。只要妈妈有意识、有目的地加以培养，任何健康的孩子都是能够提高记忆力的，高效的记忆会提高学生的成绩。

最后，轻松的学习就要从压力中走出来！当自己的孩子感觉学习压力大时，告诉他们让他们自己彻底放松，从学习的压力中走出来。这时，可以听听音乐、做做运动，也可以出去散散步。

让孩子轻松地学习才会有快乐，同时，轻松地学习，也会使孩子的学习效率更高，学习效果更好。也只有在轻松的状态下学习孩子才能不被学习所奴役，才能发现学习的兴趣。

不规定具体时间，写作业心甘情愿

有一个妈妈曾介绍经验：她的孩子以前老是爱看电视，不知不觉就忘了写作业。等到想起来的时候已经很晚了，又害怕明天挨骂又想睡，结果哭了一场。

"哭也还是要写呀，不然明天老师就要批评你了。我们陪着你写，好不好。"妈妈主动提出来陪女儿写作业，好让她尽快投入到解决问题的行动当中，而不是把时间浪费在哭上。

"既然已经这么晚了，你写作业的时候要快也要好。如果草草写完，明天照样挨批，还不如现在就去睡呢。要写就把它写好了，这才值得。"女儿终于耐着性子把作业写完，安心睡了。

第二天，女儿回家，朝妈妈坏坏地一笑："幸好昨天做完了，老师今天对那些没写作业的同学可凶了，罚他们回家把昨天的作业写10遍。"妈妈听了笑着说："昨天的滋味不好受吧。往后我们规定一个写作业的时间,平时分成两个,为看电视前和看电视后,周六和周日,就在早上、中午和晚上之间选择。当然啦,这个是由你来做决定的,你挑吧。"

吃过昨天的亏了,女儿当然心甘情愿地选择看电视之前写作业,周末,她有时候会和朋友出去玩,所以都选在早上早餐后做作业。就这样,这个女孩每天都很自觉地在看电视以前把作业做完,周六日吃了早餐也不要父母催,乖乖回屋写作业了。

上面的这个妈妈,最贴心的地方就是让女儿自己选择做作业的时间。一个人只会对自己的选择心甘情愿,如果可以选择不做作业,孩子们多半会选择不做,但是他们没有这个权利。在做作业上,他们完全不能还价。所以,在何时做作业上,妈妈们不妨"放权",让孩子们自由选一个做作业的时间。

可能有的妈妈会担心:让孩子自己选时间,他们肯定会选越晚越好,能拖就拖。其实这是不信任孩子的表现,在你放下权力的时候,孩子能感受到你对他的信任,这其实是在强化"作业必须做"的意识,他们自己去选择时间,自然就会按照那个时间来做。如果孩子真的"厚脸皮",出尔反尔,那多半是因为以前家长在他的面前做过这种说话不算数的事情。

分析一下孩子的心理,我们就能明白为什么他们不喜欢做作业。中小学生的作业往往是"抄十遍""做两套试卷"这样简单、重复的事情,缺少乐趣,单调乏味。孩子们实在难以拿出热情来爱上这样的作业;另一方面,孩子们的自觉性不高,也不能认识到学习对自己人生的重要性，脑袋里面就想着玩，让他们去做作业，简直就是压抑天性，何况老师和家长都是以命令的语气来告诉他们，要做多少，怎么做，何时交上来，就跟交房租时的心情是一样的。

对很多孩子来说，家庭作业犹如一场战争，既要和自己的惰性较量，又要和家长、老师较量。作业做得不好，孩子要挨批，家长看着也生气。想要让孩子爱上写作业很难，但是想要让孩子自觉地做作业，不推三阻四，不敷衍塞责，也是有办法的。那就是让他自己选择做作业的时间，这一点很重要。

当孩子忘记做作业的时候，先不要提醒他，假装自己也忘记了这回事。等他自己想起来的时候，妈妈再出来"救场"，孩子才会教训深刻。如果他决定不做作业，那也不要紧张，明天他就会为自己的这个决定承受代价了。这是一种成长的经历，妈妈们就做一个冷酷的"看客"好了。

把学习的时间交给孩子去选择，是在鼓励孩子自己决定自己的生活。何止学习的时间可以让他们自己选择，穿哪种颜色的衣服、看什么样的课外书、参加何种兴趣班，这些都可以让孩子们自己去选择。我们都知道"强扭的瓜不甜"，也听孩子说"我的地盘听我的"，何不做个顺水人情，让他们自己安排生活呢！妈妈们也乐得清闲，不为写作业这件事发火闹心，自己做自己的事情。这样的方法才是一劳永逸的。

多向孩子请教，"小老师"进步快

有一个叫作小雨的孩子，平时学习成绩还不错，但是考试的时候总是不理想，妈妈分析觉得还是孩子的知识没有掌握牢固。

有一天，小雨正在背地理课本里面的地中海气候什么的，妈妈从外面进来，端了一杯水，笑着说："喝点水吧。你背的这个地中海气候是什么意思啊？"

"这是一个气候术语，就是根据地理气候的特点，把全球分成了不同的气候类型。不过地中海的比较特别，集中在地中海沿岸，所以就叫地中海气候。"孩子喝水的时候回答道。

"哦？地中海和别的地方有什么不同啊，妈妈从来没有想过那么远的地方会是什么样子呢。"妈妈好像真的想去看一看。

"地中海在这里，"儿子指着地球仪，"它的气候特点是……"就这样，孩子把地中海的气候介绍了一遍，又和别的气候做了比较，还顺便介绍了中国的气候特点。妈妈听得津津有味。

"哎呀，你们现在的教材真有意思，可惜我们当年没有这么有趣的书读。"

"妈妈，你要是喜欢，我往后经常给你讲讲？"小雨竟然主动提出了给妈妈上课，妈妈当即说好，并且定下每个双休日选一个下午的时间给妈妈上课，从地理到历史，除了数学之外都行。

孩子自由备课，可以拟定试题、抽查考试、判分数、写评语……

当然，这个妈妈在背后也下了不少功夫，为了提醒儿子不要犯同一个错误，妈妈故意在孩子出错的地方做错，让孩子"纠正"，这样一个学期下来，"小老师"的学习成绩提高了很多。

这种学习方法看起来是在增加孩子的负担，其实是在减轻孩子的心理负担。孩子一直处于一个被安排、被教育的地位，很容易产生厌倦情绪，如果不及时疏导，就会积累成厌学、偷懒的坏毛病。妈妈以一个求教者的身份来接近孩子，孩子的情绪就会适当排解。

两个孩子在一起玩弹珠，当然是其中最会弹的那个玩得比较积极，输的那个不用几个回合就会觉得没有意思了；两个孩子同时学习，当然是成绩好的那个比较积极，总是出错，老被别人比下去的那个积极性会差很多。

无论做什么事，孩子总是会在自己稍微有优势的方面表现得积极，比不上人家的方面就不积极。如果他老是没有邻居家的孩子考得好，学习起来自然觉得没意思，大人也是这样的。几乎谁都喜欢处在占优势的那一方，好控制局面。

但不是每个孩子的成绩都好，成绩相对较差的孩子怎么办？必须出现一个比他更弱的人，来增加他的自信心，这个人不是哪个倒霉的孩子，而是我们的妈妈。

当孩子在家学习的时候，妈妈总是以指导者的身份出现，告诉他哪个对哪个错，孩子的心里总是忐忑不安。如果妈妈能虚心向他请教，假装自己不知道，孩子的自信心反而会高涨起来了。

这里最需要的，是妈妈的决心和耐心。如果有的妈妈喜欢麻将、逛街等，自然就很难有时间学习了。所以，妈妈适当地做出牺牲才能成就这种学习方法。

当然还有别的方式，比如让孩子给表弟表妹当老师，辅导他们的作业等，不过，这没有让孩子直接复习自己刚学的功课有效。给表弟表妹上课时，大一点的孩子因为"有恃无恐"，可能养成没有耐心、急躁、伤害弟弟妹妹的行为习惯，所以要慎之又慎。

如果孩子觉得妈妈当学生很奇怪，你可以给他讲孔子不耻下问的故事，这个故事相信很多孩子也听说过。

孔子走在路上，听见两个孩子为太阳的远近争辩不休。一个孩子认为太阳刚升起的时候距离人近，但是到正午的时候距离人远，另一个孩子认为相反。

第一个孩子的理由是：太阳刚刚升起的时候像车篷般大，到了正午看起来就像盘子一样，这不是因为远的东西看起来小，近的看起来大吗？后一个孩子的理由是：太阳刚出来的时候感觉很清凉，到了中午就灼热起来，这不是因为越近感觉越热，越远感觉越凉吗？孔子听了他们两的话，不能判断谁对谁错，于是拜小儿为师。

太阳的远近究竟是怎样的呢？这也可以成为孩子和妈妈讨论的一个问题。连大学问大智慧的孔子都虚心向孩子求教，妈妈学习也是很正常的，而且，孩子也能学会"不耻下问"这个词的真正含义。

　　妈妈在向孩子请教的时候，一定要投入到请教的过程中，不能一看就知道是在"演戏"，那样孩子就没有认真教课的欲望了。如果妈妈能够提出几个有价值的问题来更好，挑战"小老师"，"小老师"再回去问老师，如此循环，孩子对知识就能理解得更透彻了。

"减压"比"拼命学习"更重要

　　青峰的父母在社会上都是有头有脸的人物，他们对青峰倾注了很多心血，同时也为青峰设置了极高的标准。在学习上，青峰必须争第一，在父母眼里，第二都不是优秀，只有第一才是赢家。为了达到这个目标，青峰从小学习时间就长过其他孩子，他没有时间看动画片，没有时间出去游玩，放学后不是参加补习班，就是到钢琴教室弹钢琴。青峰是个懂事的孩子，为了自己能使父母感到欣慰，他卖力地学习，所以，从小学到初中，他成绩都很优异。但是，俗话说："打江山容易，守江山难"，好马也总有失蹄的时候，青峰偶尔也会失去第一名，而这种时候，父母就对他冷言冷语，怪他懒惰不知上进，逼他增加更多的学习时间……在越来越多的学习时间中，在越来越大的压力中，青峰的学习成绩反而越发不稳定了，第一名的次数越来越少，青峰的学习后劲也越来越不足，看着同学们进步非常，而自己却不进而退，他心里产生巨大的挫败感和失落感，同时，本已经受伤的心还要面对父母越发严厉的批评，青峰最终崩溃了，他变得暴躁不安，情绪波动很大，并且经常失眠。他听不进去父母的话了，也不跟同学老师来往，把自己封闭起来。这样的状态深深影响了青峰的身体和心理健康。最终，他中考一败涂地，没有考上高中。

俗话说，井无压力不出油，人无压力轻飘飘。适当给孩子施压是应该的。因为望子成龙是每个家长的愿望。可凡事有个度，过重的压力会让孩子感觉到生命所不能承受之重，出现逆反心理，反而事与愿违。父母给予青峰的巨大学习压力，是青峰身心受损的最根本原因。要想避免这种不良后果的产生，父母就该改变"压力越大，效率越高"的错误观念。因为如果人的压力过强，就容易变得紧张，思维局促，甚至在极端的情况下，大脑会一片空白，这样的情况，当然不利于发挥水平了。只有在压力适度，人比较放松的情况下，人的能力才会得到充分的发挥。

从前，在山中的庙里，有一个小和尚被派去买油。在离开前，庙里的厨师交给他一个大碗，并严厉地警告他："你一定要小心，绝对不可以把油洒出来。"

小和尚答应后就下山到城里，到厨师指定的店里买油。在上山回庙里的路上，他想到厨师凶恶的表情及严厉的告诫，越想越觉得紧张。小和尚小心翼翼地端着装满油的大碗,一步一步地走在山路上,丝毫不敢左顾右盼。很不幸的是,他在快到庙门口时,由于没有向前看路,结果踩到了一个坑,虽然没有摔跤,可是却洒掉了 1/3 的油。小和尚非常的懊恼,而且紧张到了手脚开始发抖,无法把碗端稳。等回到庙里时,碗中的油就只剩一半了。

厨师拿到装油的碗时,很生气地指着小和尚大骂:"你这个笨蛋,我不是说要小心吗?为什么还是浪费了这么多的油,真是气死我了。"

小和尚听了很难过,哭了起来。

另外一位老和尚听到了,就问了是怎么一回事。知道了事情的经过,他就去安抚厨师,并私下对小和尚说:"我再派你去买一次油,这次我要你在途中多观察你看到的人、事、物,并且回来后详细地描述给我听。"

小和尚想要推掉这个任务,说自己油都端不好,根本不可能既要端油,还要看风景。不过,在老和尚的坚持下,他只好勉强答应了。

在回来的途中,小和尚发现,其实山路上的风景真是美丽啊。远方有雄伟的山峰,不远处有农夫在梯田里种地。走不久,又看到一群小孩在路边的空地上玩得很开心,而且还有两位老先生在树下的石凳那儿下棋呢。小和尚就是这样边走边看风景,不知不觉地就回到庙里了。当小和尚把油交给厨师时,发现碗里的油依然满满的,一点儿都没有洒掉。

妈妈对孩子的教育也应该这样,给孩子要求,但是不要给孩子太大的压力,孩子才能心情放松地去学习和生活。心理学家认为人的各种活动多存在一个最佳的压力水平。压力不足或者过分强烈,都不是一种好现象。比如,一个整日混日子,没有什么理想的学生,很难有学习的兴趣;而一个对学习抱有太大的期待,过分追求学习功利性,学习压力过高的学生,势必会为自己制造巨大的压力,最终影响到他的学习效率,而学习效率的下降,反过来又会增加他的压力。

压力过强和过弱都不好,那么什么样的压力水平才是最适度的呢?美国心理学家耶克斯和多德森认为,中等程度的压力激起水平最有利于效果的提高。所以,当孩子的压力超过中等程度时,妈妈记得要帮孩子减压,可以从以下几个方面做起:

1. 当学校老师为孩子施加压力,让妈妈监督孩子学习时,妈妈最好不要让老师牵着鼻子走,而要做到"不管"和"不说"。孩子们已经够累了,就让他们在这种"不管""不说"中学会自我监督、自我放松吧!

2. 无论妈妈有多紧张,都应该尽量避免在考试期间,与孩子发生情绪上的冲突,增加孩子的压力。

3. 确保孩子作息正常。考试压力过大的孩子可能会在考试期间或者备考期间出现乱发脾气、头痛、发烧、肚子不舒服,甚至失眠等状况。调节孩子身心平衡,让孩子和平时一样吃好睡好,维持正常作息,孩子才能处于最佳状态。

4. 和孩子一起做运动。适当的运动，能够让孩子的紧绷状态松懈下来。几分钟的深呼吸，10 分钟的暖身操，花半个小时去游泳、跑步，到公园散布，都是很好的解压方法。

学习遇到瓶颈时，多动心力而不是体力

张琦是某重点高中三年级的学生。他认为自己属于那种学习不很卖力又有些小聪明的学生。高一、高二学习马虎，对待老师、家长的批评是"虚心接受，坚决不改"，但成绩都能保持在班级 10 名左右，发挥较好时甚至能进入班级前 5 名。父母亲戚、老师同学都说他学习潜力很大，上高三后会进步很快，可望进入国内一流名牌大学，甚至可以向清华、北大冲刺。对此，他也颇感自负。

进入高三后，他真的洗心革面，抛弃以前的所有陋习，全身心拼了起来。可是，暑期到现在，两个多月了，每次考试还是 10 名左右，最近一次考试排班级 19 名。这样的成绩，考清华、北大甭提了，就是进重点大学都有问题。家人着急，他自己也"头悬梁、锥刺股"，靠补品支撑着熬到深夜一两点钟。可是成绩并不呈上涨势头，而且一拿起书本头就嗡嗡直响，听课时也会莫名

其妙地走神，注意力总集中不起来，好像有劲却怎么也使不上。张琦开始怀疑过去对他"聪明"的评价是对他的嘲讽，怀疑自己的潜力已挖掘殆尽。

张琦遇到的这种现象是一个很普遍的问题，很多孩子会在一段时间出现学习和复习效率停滞不前，甚至对已经学过的知识还感觉模糊，有时头脑昏沉，心情烦躁，学习效率降低，越学越没有劲头。这种学习进步的速度减慢甚至停滞的现象在心理学被称为"高原现象"。例如：当掌握的词汇量达到 3500～4500 的时候，就会出现第一次高原现象，平均滞留时间为 8 个月左右；达到 6500～7500 时，出现第二次高原现象，平均滞留时间为 12 个月左右；当词汇量达到了 9500～10500 的时候，第三次高原现象就出现了，平均滞留约 18 个月。

高原现象的产生也是多种多样的，具体来讲，当学习一段时间后，好奇心已满足，学习兴趣减弱，学习动力随之下降；也许目前使用的学习方法已不再适应这一阶段学习的要求；也许是生理与心理的双重疲劳；也许是原来形成的知识结构网络不适合进行新的学习……诸多因素，致使孩子的学习停滞不前。

高原现象是学习成绩一时性的停顿现象，它与生理的极限和工作效率的绝对顶点是不同的。当孩子学习成绩暂时停顿的时候，妈妈首先要明白，"高原现象"不等于"学习的极限"，是一种正常现象，如同运动员在长跑中会出现极点一样。妈妈不必慌张，不要逼迫孩子加大学习力度，更不要责怪孩子不够努力。你的不理解只会增大孩子的压力,起到阻碍孩子突破瓶颈的作用。

要想帮孩子不慌不乱地走下"高原",妈妈首先要鼓励孩子再坚持一下,学会为自己加油,增强信心,这种感觉就会消失。用一种平和的心境看待它,告诉孩子在合适的时候学习合适的内容。比如,早晨可用于早读,中午休息,下午整理消化当天复习内容,晚上3门学科交叉系统进行。尽快把头脑中较为混乱的知识排序重新组合,通过比较、分析、归纳、概括等手段,使自己已有的知识系统化,这样可以避免在知识调用时出现混乱,人为造成"高原现象"。当然,更重要的是要陪孩子一起放松身心。可以谈谈心,一起打羽毛球、出去旅游等。

一时的停顿会让孩子有些泄气,但聪明的妈妈会帮助孩子走出困境,让他感受到学习中的突破带来的更大乐趣。走下"高原"后,孩子才知道学习并不是件困难的事,再大的瓶颈也是可以跨越的。

饭后学习效率低,不如轻松小憩

很多人一谈到读书学习,总是强调"勤奋是成功之母""手不释卷""一寸光阴一寸金,寸金难买寸光阴"之类的名言。不能说这些名言没有道理,但真理向前多跨一步就可能成了谬误。勤奋程度大小、学习时间长短在一定范围内与成绩成正比,但绝不是越勤奋刻苦、学习时间越长,成绩就会越好。

小海今年升入初三了,他刚吃完饭准备看一会儿电视,这时正在厨房洗碗的妈妈说:"初三了,学习这么紧张,不要看电视了,快去做功课。"小海只得无奈地走到书桌旁去学习。但是小海一看见书就发困,他强迫自己看书,但是眼皮却一直往下跌,实在困得不行了,小海就趴在桌上小睡一下,谁知道妈妈进来看见了,给小海劈头盖脸一顿说:"你这孩子怎么这么不上进,叫你别看电视争取时间学习,你就在这里睡觉,人家其他同学这个时候肯定都是抓紧每一分钟努力学习呢,你还在这里浪费时间,看你考不上高中怎么办?"小海听了妈妈的话觉得很委屈,对妈妈说道:"我又不是故意要睡觉的,但就是困啊!我已经尽力强迫自己看书了,你一点也不体谅我!"母子俩争执完后,小海继续看书,但是现在他更看不进去了,这一晚上的时间就这样浪费了!

很多妈妈盲目要求孩子抓紧时间学习,而不重视学习效率和学习状态,造成孩子的学习事倍功半,甚至引起孩子的厌学情绪和不自信。就像上文中的妈妈,逼迫孩子饭后立马学习,结果得不偿失,这不能怪孩子,因为事实上饭后马上进入学习状态是不科学的。生理学上说,吃完饭之后,胃部需要大量的血液来消化、吸收刚吃过的食物,由于大量的血液参与胃部消化,大脑就会缺少血液供应，处于不清楚的状态。人们就表现出想睡觉、犯迷糊。如果此刻坐在书桌旁学习，学习效率会很低。而长此以往，对身体健康也不利。

一般说来，孩子持续学习时间越久，则疲劳强度越重，要消除疲劳就越不容易。如果孩子感到累时适当休息，不但可以迅速消除疲劳，头脑清醒了，也更易于接受理解新知识，学习效果好了，孩子的心态、信心也会大大的振奋。反之，如果妈妈不忍心"浪费"这宝贵的时间，当孩子已经头昏脑涨了，眼睛干涩难忍了，还要他"坚持"学习，此时大脑反应迟钝，对知识的理解力差，不仅学习效果不佳，更令孩子身心受损。

列宁说过："不懂得休息，就不懂得工作。"学习本身就是一项复杂的脑力劳动，而大脑是唯一能够进行学习和思维活动的器官。要使孩子的大脑保持清醒，并在学习中维持一种兴奋状态，就必须确保每天有充足的睡眠和休息时间，因为休息可以使脑的功能得到最大限度的恢复，这样才能最大限度地提高学习效率，而不会白白做一些无用功。

为了提高学习效率，让孩子的大脑保持清醒的状态，妈妈就要帮孩子平衡好学习与生活，为他合理安排适当的休息时间，让孩子做到劳逸结合，张弛有度。

1. 确保足够的睡眠时间。生理学家研究表明，中学生夜间睡眠必须保证 8～9 个小时。因为充足的睡眠对于学习最少会带来两个方面的益处：可以更好地巩固记忆，防止学习结束后带来的记忆干扰和记忆衰退；能更好地恢复记忆。

每天晚上早点睡觉，保证足够的睡眠，能让大脑得到充分的休息，第二天早起，早晨空气清新，头脑清醒，此时学习效率较高，而且，上课不会犯困，听课效果就会较好。这样才能为好成绩开一盏绿灯。

2. 学会间隙休息。休息可分为安静休息、活动休息和交替休息。安静休息是指睡眠和闭目养神。活动休息也称积极性休息，如散步、打球和轻微的体力劳动等，也可以是与他人聊天。交替式休息是指将各种不同性质的学科交叉在一起来学习，如文、理穿插复习，这样，大脑皮层的神经细胞不仅不会疲劳，而且还会有相互促进的作用。

3. 用体育锻炼来调节。给孩子制定一个体育锻炼时间表，或者利用好学校安排的体育活动。比如：认真上好课间操和体育课。这段时间就是专门用来锻炼的，既然无法做其他事情。与其马马虎虎对待，不如积极认真锻炼，达到健身的目的。周末假日，可以多带孩子到户外锻炼或野外踏青，和孩子一起打羽毛球、散步等。

4. 音乐可消除疲劳。在消除疲劳过程中，情绪因素很重要。积极向上、乐观、愉快的情绪能加速消除疲劳。优美的音乐能振奋情绪，引起轻松愉快的感觉。学生在学习间隙或学习之后，可以通过听音乐来达到消除疲劳的目的。

需要注意的是，所听音乐最好是没有歌词的。因为文字信息进入大脑，会影响大脑的休息；听音乐时不要想其他的事，必须陶醉于音乐中，这样才能完全放松，使疲劳得到彻底的消除。

营造爱读书的家庭氛围，轻轻松松熏陶出爱学习的孩子

犹太人从小就爱读书，据说在他们出生的时候，母亲会在《圣经》上滴一点蜂蜜，让小孩去舔，告诉他"书是甜的"。世界上没有哪个民族像犹太人一样爱读书，他们的书橱放在床头，要是放在床尾，就会被认为是对书的不敬。

犹太人爱读书的性格是整个环境熏陶所致，不仅孩子读书，父母都爱读书，他们对知识的喜欢，已经到了崇拜的地步。

"假如有一天你的房子被烧毁，你将带什么东西逃跑呢？"几乎每个犹太家庭的孩子都要回答这一个问题，要是孩子回答是钱或钻石，母亲将进一步问："有一种没有形状、没有颜色、没有气味的宝贝，你知道是什么呢？"要是孩子回答不出来，母亲就会说："孩子，你要带走的不是钱，也不是钻石，而是智慧。"

犹太人说，世界上唯有智慧是任何人都抢不走的，只要你活着，智慧就永远跟着你。所以他们把最宝贵的财富智慧代代相传。

但犹太人并不欣赏书呆子，很多犹太小孩回到家中，妈妈的第一句话就是："你又提问题了吗？"犹太民族就像是一个企图揭示自然和人类秘密的哲学家民族，在他们的家庭教育中，有宏观、深入的思考和抽象、逻辑的思辨，这一点是我们家庭教育中最缺少的。

美国人说："全世界的财富在美国的口袋里，美国的财富在犹太人的口袋里。"犹太人的历史上有很多令人肃然起敬的名字：达尔文、爱因斯坦、马克思、弗洛伊德、海涅、卓别林、毕加索、门德尔松、大卫·李嘉图、斯皮尔博格、华尔街的超级富豪摩根、第一个亿万巨富洛克菲勒、股神巴菲特、钢铁大王卡内基……为什么犹太人可以这样优秀？犹太人与其他民族最大的生活区别不是在宗教信仰上，而是在读书上。

单从阅读量来说，我国国民阅读水平令人担忧。根据中国出版科学研究所发布的《2008全国国民阅读与购买倾向抽样调查报告》，我国的阅读主体是18周岁以下未成年人，他们因为学习，阅读率达到了81.4%，而成年人只有49.3%。成人人均年阅读图书4.72本。

超过6成的国民对自己阅读的情况表示不太满意或很不满意，但是大家都有各种各样的原因：工作太忙没时间读书、没有读书的习惯或不喜欢读书、因看电视而没有时间读书、文化水平有限，读书有困难、找不到感兴趣的书、不知道该读什么……你是其中的哪种情况呢？

很多家长牺牲了自己的休息时间来给孩子料理生活,却从来没有想过通过自己给孩子做一个爱学习的好榜样。妈妈们每天在琐碎的家务中脱不开身,但想要帮助孩子提高学习的积极性,就需要拿出时间来阅读,做给孩子看。

阅读并不一定要从四大名著、三言二拍这些古典小说开始,读报纸、看杂志也是一种阅读。如果孩子每天看报纸,那说明他还有读书的欲望,妈妈可以带他去书店,给他和自己都买点书来读;如果孩子连新闻都懒得看了,那就说明他的阅读兴趣已经大大被破坏了。这时候就需要妈妈根据他的爱好来刺激他的阅读兴趣。

如果他喜欢集邮,可以买一些邮票历史、常识方面的书;如果他喜欢玩三国游戏,可以买一本三国历史书,如此来开发孩子的阅读潜能。而妈妈们自己,可以挑选一些家庭养生的书、健康食谱的书、编织、园艺等,千万不要以为读书就是读康德、尼采、柏拉图,这只会打击自己和孩子的阅读积极性。

我们常说"书香世家",可见我们相信,书有香气,可以浸染整个家庭的氛围。妈妈爱读书,孩子也会好奇是什么这么吸引妈妈,自己也会跟着效仿,找到读书的乐趣。

闲下来的时候,如果孩子在身边,先不要着急打开电视,看看书吧。一个人陷入阅读中的状态是美丽的,也是吸引人的。不管是为了孩子,还是为了自己,多多读书都是最明智的选择。

第四章

"反着干"培养出良好学习习惯

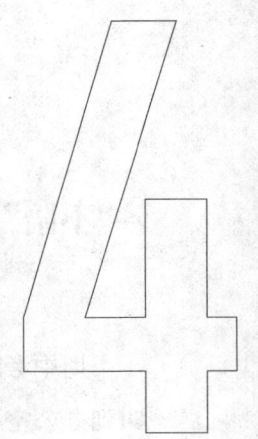

"不陪"才能培养好习惯,不要包办孩子的作业

期中考试成绩下来了,平时的作业做得很好的明明被王老师叫到办公室,拿着试卷给他看,一一分析他出错的原因。看到很多原本会做的题目被扣分,明明也很懊恼。王老师问他:"你答完题目,有没有自己检查一遍?"明明说:"我也检查了,但只是看看,没发现有错误。"王老师又问:"我发现你平时的作业很少有错误,为什么一到考试就不行了"明明挠挠脑袋,不好意思地说:"平时,都是我妈妈陪我写作业,作业都是她给我检查的。"

原来,为了儿子能有个好成绩,明明的妈妈真没少花心思。从明明上学开始,妈妈每天陪着明明做作业,从来没有间断过。只要明明写完作业,就把书本一推,到一边玩去了。妈妈会为他检查作业,发现错误再让他加以改正。

明明对王老师说:"除了在学校,我从来没有自己检查过作业。妈妈说了,只要学习好就行,这些小事都不用我管、不用我分心。可是,一到考试需要自己检查时,我就不知道该怎么做了。"

很多妈妈会认为陪孩子写作业、帮孩子检查作业都是些小事，是为了孩子能有一个好的成绩。她们一厢情愿地认为自己是在尽义务，是为了孩子学习好，殊不知这样的做法是极其错误的，对孩子的学习与成长会产生严重的影响。

当妈妈陪孩子写作业时，会让孩子觉得作业不是他一个人的事，是他和妈妈共同的任务，这特别不利于他自我责任意识的形成，而且时间长了，孩子还会在心理上对妈妈形成依赖，形成妈妈不在就不好好写作业的坏习惯；另外，妈妈坐在旁边总会忍不住对孩子说话，经常会提醒他认真写、快点写、把字写好点，又或者妈妈看见孩子不会做时，总是忍不住帮忙，剥夺了孩子自己思考的权利，这些都会打断孩子的学习，并且容易让孩子烦，时间长了孩子还容易在情绪上和家长对立，事情于是开始走向恶性循环。而如果妈妈总是怕孩子因为马虎、不仔细而在学习上出问题，总是习惯严格为孩子把关，每天都为孩子检查作业的话，孩子就会养成马虎不负责任的习惯，因为有妈妈来帮他把关，孩子就会投机地随便应付。

所以，妈妈这样做不仅不利于孩子养成良好的习惯，而且孩子的自理能力也得不到锻炼，还会使孩子变得眼高手低好高骛远，做事虎头蛇尾。不良的行为习惯一旦养成，会很难纠正，这对孩子今后的学习工作都是很不利的。

因此，妈妈们应正确对待孩子的作业，不要陪孩子写作业，也不要包办孩子的作业，要认识到并且让孩子认识到作业是他们自己的任务，他们必须对自己的作业负责。

从低年级起，妈妈就应该帮助孩子提高对家庭作业的认识和重视程度。如果孩子作业工整，字迹清楚，就证明他做作业时心情比较平静、态度认真。如果字迹虽然工整，但却做错了许多道题目，那么可能是孩子对这一部分知识掌握得不够牢固，妈妈应该及时给予辅导。

不仅要让孩子自己认真完成作业，还要让他自己处理包括检查作业、收拾学具、整理书包等所谓的小事。妈妈要明白，做这些事情是对孩子自理能力、独立意识、良好习惯的培养和锻炼。

当孩子写完作业以后，妈妈可以要求孩子当着你的面自己检查作业，但是千万不能帮他检查作业。如果孩子实在不愿意检查作业，妈妈也不要去管他，当他的作业有错误时老师自会惩罚他，当他尝试过几次惩罚的滋味后，他自然会提高警惕、自觉认真起来。

而如果孩子小的话，妈妈可以和孩子一起检查作业，但在检查作业时，妈妈如发现孩子作业有错误的，妈妈不要直接教孩子怎么改正，要引导孩子自己思考，自己改正。作业是为了巩固孩子学习，检查孩子对知识的掌握情况。妈妈要在孩子的错误问题中帮助孩子更牢固地掌握知识点才是最好的处理方法。

另外，当孩子写作业出现错误时，妈妈不要大惊小怪，有错误是正常的事。孩子的作业做错了，就事论事、有错改错，而不要一味指责孩子,既挫伤孩子的自信,又打击孩子的积极性。

作业是孩子自己的任务,妈妈要端正自己的认识,还要引导孩子形成正确的认识。让孩子在自己独立完成作业过程中,培养出独立自主、认真负责的好习惯。

想让孩子喜欢写作业,就不要让他写太多作业

甜甜从小喜欢吃鱼,尤其喜欢吃水煮鱼,每月妈妈都给她做一两次,甜甜每次都吃得津津有味。今年甜甜要考初中了,为了给她补充营养,妈妈就买了很多鱼来做给孩子吃,她心想:鱼营养价值高、补充脑力,而且孩子又喜欢,就让孩子多吃点吧!于是,每天的饭桌上都有香喷喷的水煮鱼,孩子高兴了没几天,却慢慢地食欲不振了,她连夹都不夹一下水煮鱼,甚至连其他菜她也兴趣全无了。妈妈看见孩子这样厌食,着急了,问她怎么回事,甜甜说:"我现在闻到鱼的味道就难受,我再也不要吃鱼了!"

太多好吃的会吃腻,写作业也一样。孩子天生不反感写作业,但是在学习过程中,过多的作业总让他们头疼,进而引起他们的厌恶,所以,想让孩子喜欢写作业,就不要让他写太多作业。

杜威说:"一切需要和欲望都含有缺乏。"反过来说,就是想

让一个人喜欢和珍惜什么，就不要给得太多，更不能把它变成交换条件或惩罚手段，强行要求他接受。如果能适当地剥夺，让他拥有危机感和不满足感，便会使他产生珍惜感。

网络上曾流传过一个教育孩子爱学习的方法，就是告诉孩子家里没有能力让他上学，那他就会羡慕其他孩子去上学，他想上学的愿望就会越强，这时你再给他上学的机会，他必定会更加珍惜。且不说这个方法究竟有没有效，但是它还是有一定道理。为什么没书念的贫困孩子更加想要上学，而上着学的富裕孩子却不想学习？这其中不免有这样的道理：拥有太多就不珍惜，没拥有的就拼命想有。

所以，妈妈与其经常对孩子苦口婆心地正面教育，让孩子珍惜学习机会好好学习、认真完成作业，还不如适当剥夺他学习的权利、适度地减少他的学习任务，保持孩子对学习的热情。妈妈也许可以从以下这个故事中得到些启发：

三位无聊的年轻人，闲来无事时经常以踹小区的垃圾桶取乐，居民们不堪其扰，多次劝阻，都无济于事，别人越说他们踹得越来劲儿。后来，小区搬来一位老人，想了一个办法让他们不再踢垃圾筒。有一天当他们又踹时，老人来到他们面前说，我喜欢听垃圾筒被踢时发出的声音，如果你们天天这样干，我每天给你们1美元报酬。几个年轻人很高兴，于是他们更使劲地去踹。过了几天，老人对他们说，我最近经济比较紧张，不能给你们那么多了，只能每天给你们50美分了。3个年轻人不太满意，再踹时就不那么卖劲了。又过几天,老人又对他们说,我最近没收到养老金支票,只能每天给你们10美分了,请你们谅解。"10美分?你以为我们会为了这区区10美分浪费我们的时间!"一个年轻人大声说,另外两人也说:"太少了,我们不干了!"于是他们扬长而去,不再去踢垃圾筒。

与其他人的直接劝阻相比,老人的说服工作不着痕迹,却有明显的效果。老人先通过"给予",把几个年轻人的"乐趣"变成一种"责任",降低了孩子的"乐趣"。然后,老人再通过减少支付,刺激他们对踹垃圾桶这件事产生逆反心理。最后,老人进一步减少支付,并且给出一个让他们不能接受的10美分,使他们在心理上对踢垃圾桶这件事产生排斥感,产生逆反心理。于是,原本令几个年轻人感到有趣的一件事让他们倍感厌恶,这时再让他们去做,他们肯定就不愿意了。

如果妈妈把老人说服孩子的智慧运用到引导孩子喜欢写作业上的话,一定会轻松地取得效果。老人是把孩子喜欢的事变成他们讨厌的事,而妈妈就要逆向思维,把孩子不喜欢的事变成孩子喜欢的事,即是要适当剥夺孩子做不喜欢做的事的权利,吊孩子的胃口,让他心生叛逆而偏偏要做本来他不喜欢的事。例如:惩罚孩子,不让他写作业,孩子就会想要写作业,这跟惩罚孩子不让孩子看电视,而孩子偏偏要偷着看是一样的。所以,妈妈一定要记住:想让孩子喜欢写作业,就不要让孩子写太多作业,甚至有时,适当地剥夺一下孩子写作业的权利。

越渴望孩子取得好成绩,越不要向他要分数

欣茹今年上初二,上次英语测试,100分的题,她考了92分,孩子回来好像自我感觉还不差,可妈妈却问她:"最高分多少?""98分。"妈妈听到后,脸色变差了,一句话也没说,欣茹看到妈妈的反应也一脸沮丧。晚上,妈妈接到欣茹老师发来的短信,95分以上的就有10个,这下妈妈脸色全变了,看上去非常恐怖。她把短信拿过去给欣茹看,欣茹不屑一顾地把手机放在了一边,回到房间独自伤心地哭了。为什么妈妈这么不体谅自己?为什么自己怎么做都达不到妈妈的要求?为什么我觉得考得不错还是要受妈妈这样的对待?妈妈没有开口骂欣茹,但是欣茹却被妈妈深深伤害了,她开始排斥学习,她放弃了对成绩的追求,反正妈妈不会满意的……

做学生的,都知道流传甚久的一句话:"分,分,学生的命根。"在学校里,老师看重的是分数;回到家里,妈妈问得最多的也是分数;亲朋好友来了,问的还是分数。"最近考试了没有?得了多少分?""这次考试在班上第几名啊?"成绩好的孩子,倒觉得没什么;成绩差一点的,简直就无处藏身。

实际上,现在中国家庭妈妈对子女的教育,大都仍处于分数教育。孩子考了高分,妈妈荣耀。考试分数不仅成为孩子的命根

而且也成为妈妈的命根。

在孩子们开始学习的那天,妈妈就要求孩子好好学习,考个好成绩。于是,高分成了孩子学习的最重要目标。然而,庸俗的目标只能给孩子带来庸俗的刺激,不会产生良好的内在动力。从上小学就追求分数,会使孩子形成畸形学习动机,变得目光短浅,急功近利,反而降低学习兴趣,影响考试成绩。

其实,根据教育专家的理论,对于中小学生而言,两个方面的教育很重要:一个是培养孩子学习的兴趣,一个是教孩子掌握良好的学习方法。做到这两点,孩子的学习成绩自然会好起来。

分数不是衡量孩子能力的唯一标准。分数永远只是个形式和手段。它不能证明孩子真正学到了多少知识,也不能证明一个孩子的品格与才能如何。它不是衡量孩子聪明与否的唯一标准。

现在社会上,有很多人并没有很高的文凭,但是他们一样有所成就。不是说文化知识不重要,而是说,我们不能忽略了孩子的全面发展。除了分数,孩子的品德修养、性情习惯以及他解决问题的能力,都会影响孩子的一生。

家庭教育最重要的任务是建筑人格长城,可生活中看人常常是一白遮百丑。有了高分数、好成绩就被看作是好孩子。事实上,影响发展的因素中,分数并不是最重要的,起着制约作用的是品德、品格,是做人的快乐,而不是知识学问。

点点滴滴的影响,将会对人格的健全发展奠定厚实的基础。不少妈妈过多关心孩子学习,只要考出好成绩,什么要求都答应,什么愿望都满足。品德低下却不被关注,这样的教育理念、方式令人忧虑。

作为妈妈,引导与帮助孩子提高学习成绩,是应尽的义务。妈妈重视孩子的考试分数是可以理解的,因为分数毕竟是学习状况的一种重要反映。但是,分数只是一个现象,妈妈应该动脑筋分析分数背后的诸多原因。

第一,分析孩子的学习水平。任何一门功课都有3个层面的水平——基础知识、基本概念(词语、定义、定理、公式、基本观点等)掌握的水平;基本技能水平(运用基础知识、基本概念解决基本问题的能力水平);综合技能水平(解决比较复杂问题的综合能力)。通过考试卷子和平常的作业,可以分析出这3个层面水平的情况。哪方面差就重点解决哪方面的问题。

第二,分析孩子的非智力因素。学习成绩与非智力因素关系密切,一些孩子学习成绩上不去,有的是学习兴趣问题,有的是学习习惯问题,有的是意志品质问题,有的是情绪问题,有的是责任心问题。应该具体情况具体分析,找准原因。

第三,分析孩子的学习方法。有的孩子,成绩总在某一水平上,难以突破,学习态度、习惯也较好,这往往是学习方法问题。应该一科一科地分析学习方法存在什么问题,采取改进措施。

第四,分析孩子的智力因素。成绩上不去,也有智力方面的原因。智力包含几个基本因素——观察力、记忆力、思维力、想象力,而每个孩子这4方面的能力往往发展不平衡。有的记忆力强而思维力弱,有的观察力强而记忆力弱。这就需要从孩子实际出发仔细分析,哪方面能力弱,应优先训练哪方面的能力,促进孩子智力的全面发展。

分数永远只是个形式,是一个非常抽象的东西,它并不是证明孩子真正学到了多少知识,更不能证明一个孩子的品格与所有才能如何。

妈妈要建立一种这样的信心:不提分数和名次的要求,不会影响孩子的学习成绩——孩子从妈妈的态度中知道,学习不是为了分数,不是为了和别人比,而是为了自己学会。孩子不对分数斤斤计较,才会最终获得好成绩。

不用"暴力作业"惩罚孩子,不让孩子的学习变无趣

怡姗是小学五年级的学生,一次,在上数学课的时候,老师搞了一个小小的测试,要求学生背写这两天学过的一条定理。其实老师并没有提前布置过背诵,这次突袭,又要求一字不差地背写定理内容,如果写不对的话要罚写 10 遍。

没有任何准备的学生们都非常紧张,他们交头接耳,偶尔还

有沙沙的翻书声。老师非常恼火，他突然改变了主意，说只要写错1个字，便罚写10遍，写错两个字，罚写20遍，以此类推……

这次测试的结果是五十多个学生"全军覆没"。大家多多少少都有些错误，有的甚至被罚写200遍。

怡姗写错了3个字，被罚写30遍。回家后吃完晚饭，便一头躲进了屋里，开始写"暴力作业"。她从晚上6点一直写到9点。妈妈本来以为她今天作业多，后来才发现原来怡姗在重复地写定理！

"姗姗，给妈妈背一遍吧。"

怡姗准确无误地背了出来，并且她还举了一些公式应用的例子。

聪明的妈妈对自己的女儿说："你已经会用了，不用再写那么多遍了！学习是为了学会，既然已经达到目的，何必再浪费时间呢！明天如果老师问你为什么没有写完，你就说妈妈不让你写的！再不行，我去和老师沟通。"

怡姗有些犹豫，但她更不想面对那写不完的暴力作业，于是便同意了妈妈的建议。

怡姗的妈妈很聪明，但更多的妈妈可能做不到这点。她们通常的做法是一边抱怨老师，一边督促孩子赶紧写，以免明天受到老师的批评。甚至有些妈妈赞同这种做法，她们认为只要孩子在学习，什么样的方法都没关系。

但是，"暴力作业"实际上是一场教育事故。重复机械的作业使孩子身心疲惫，死记硬背严重伤害孩子的智力和学习能力，并且，无限制地让孩子做一些枯燥、乏味、重复的学习，孩子会对学习产生恐惧、厌恶的情绪，甚至开始厌学。

苏联教育家苏霍姆林斯基说过："学生的那种畸形的脑力劳动，不断地记诵、死记硬背，会造成思维的惰性。那种只知记忆、背诵的学生，可能记住了许多东西，可是当需要他在记忆里查寻出一条基本原理时候，他脑子里的一切东西都混杂成一团，以致他在一项很基本的智力作业面前显得束手无策。学生如果不会挑选最必要的东西去记忆，他也就不会思考。"

如果妈妈让孩子一次性吃完10碗饭不合理，那么老师的"暴力惩罚"也是不对的。妈妈应该明白这样一个观念：作业不是用来惩罚的！孩子写作业是为了学到知识、发挥智力，而暴力作业不但起不到帮助学习的功效，还使孩子的大脑疲惫不堪，养成思维惰性。另外，暴力作业的"惩治"成分，会让孩子产生对"作业"的厌恶，降低对学习的兴趣，而一旦学习兴趣被磨灭了，要想孩子学习好就难上加难了。

现在的许多孩子在不同程度上都遭受着"暴力作业"，有的来自学校，有的来自家庭。大多数孩子迫于大人的权威，都只能对"暴力作业"照单全收，但是，得到的弊远远大于利。

哲学家弗洛姆在《为自己的人》一书中说，人可以使自己奴役，但他是靠降低他的智力因素和道德素质来适应的；人自身能适应充满不信任和敌意的文化，但他对这种适应的反应是变得软弱和缺乏独创性；人自身能适应压抑的环境，但在这种适应中，人发生了神经病。如果大人非要用暴力作业来"征服"孩子，孩子自然也是能适应的，但是，暴力作业中含有的奴役、敌意和压抑，对孩子的能力、人格和意志会造成难以估计的破坏。

所以，"暴力作业"是万万使不得的，妈妈不仅不能自己给孩子制造"暴力作业"，同时要和老师多多沟通，保护孩子不受"暴力作业"的侵害。

想让孩子坚持发展兴趣爱好，就不要把兴趣变成责任

心理学家说，人的动机可分为两种：内部动机和外部动机。如果按照内部动机去行动，我们就是自己的主人。而一旦被外部动机所驱使，我们就会为外部因素所左右，从而成为它的奴隶。

有一个妈妈说，以前孩子喜欢小提琴的，但是真的让他报了小提琴班，让他学习古典音乐的乐理时，他又没有兴趣了。这种妈妈，实在有点操之过急了，或者说叫作"打草惊蛇"。孩子有一点点兴趣的时候，千万不要急着让他去学习专业的课程，因为一旦他的兴趣变成了责任，就不再好玩了。

妈妈催促孩子去学习，看起来像是给孩子提供了进修的机会，其实，是把他们的内部动机强化成了外部压力，原本觉得好玩而玩的事情，一下子变成了自己一定要完成的任务，变成了甩不掉的负担，孩子哪里会高兴？

著名的音乐家贝多芬，小时候被当成"莫扎特第二"来培养，父亲希望他也能到维也纳惊动四座，于是在打骂中强迫他练琴。谁能说贝多芬没有音乐天赋呢？但是他一生都非常不快乐，长期处于黑暗、孤独之中，渴望被爱，渴望光明。

还有一个很有名的钢琴家，他是我们熟悉的傅聪，他的父亲是著名的翻译家傅雷。傅雷在傅聪小的时候，也采取高压的形式去打压孩子，有时候傅聪练琴练得不好，傅雷就揪起傅聪的头发往墙上撞，这种方式让傅聪的妈妈几乎崩溃。

傅聪长大之后，去了苏联留学，收到父亲的来信："儿子，昨晚一上床，我又把你的童年重温了一遍。可怜的孩子，你的童年怎么跟我那么相似？"

"我也知道，从小受些挫折对你的将来多少有些帮助。然而，爸爸毕竟犯了很多很大的错误。自问人生，对朋友无愧，唯独对你和你母亲感到有愧良心，这是我近年来的心病。它一直像噩梦一样在我脑海里徘徊。可怜我过了45年，父性才真正觉醒。伴随着你痛苦的童年，度过的是我不懂做父亲艺术的壮年，幸亏你得天独厚，任何打击也摧毁不了你！"

傅雷的家书引起了很多家长的反思，我们为孩子选择道路，真的做对了吗？

孩子真正的兴趣爱好，是孩子生命能量和激情的一个重要来源，它是存在于孩子的生命中的，是不会轻易消失的，而妈妈急于把孩子的兴趣爱好变成孩子的责任，则会毁掉了孩子的兴致，也可能会毁掉孩子的一生！

所以，孩子成长过程中，最需要的就是妈妈的耐心。如果妈妈总是急于求成，孩子就像一个被催熟剂催熟的果子，品尝起来一点也不甜美。当孩子表现出好奇的时候，请给他好奇的权利和时间，这就是妈妈最好的体贴和关怀了；当孩子拥有自己的兴趣爱好时，请给他自由发展的机会，这就是妈妈最智慧的引导和呵护了。

考好了不奖励，考坏了不批评

每次考试成绩出来的那天，小杰都非常忐忑不安，因为试卷上的分数将决定他回家后的命运。考得好的话，妈妈会给他奖励，奖励有3等：第一等，考第一名的话，可以任意提一个要求，妈妈都必须满足；第二等，考前三名的话，可以领取两倍的零花钱；第三等，考前10名以内，便被允许多看一个小时的电视。

相比起这些丰富的奖励,小杰更在意的是更严格的惩罚制度。如果跌下前 10 名的话,一个月内没有零花钱,不许看电视,每天看书时间增加 2 小时;而如果跌下 15 名的话,连自己喜欢吃的冰激凌、牛奶等都不能吃。

所以,每次老师发试卷时,小杰就像是等着听宣判一样,忐忑不安,当看到好成绩时,他欢喜雀跃地回家领赏去,而当成绩不好时,他就磨磨蹭蹭地不敢回家。由于长期对考试成绩怀有紧张的心情,小杰渐渐地害怕考试了,而越担心害怕,就越容易出错,现在,小杰的成绩经常不如意,他受到惩罚的次数就越来越多了。

很多妈妈为了鼓励孩子努力学习,就用奖励来刺激孩子取得好成绩,也许,短时间内或者偶有两次会取得一定的效果,但从长远来看,这是种极其错误的做法。

把奖励当作学习的诱饵,使得孩子的学习目的不再单纯,他们心里不是想着学习是为了自己的未来,而却认为学习就是为了获得妈妈的奖励,讨取妈妈的欢心。这使孩子急功近利、虚荣浮躁,很难单纯地、认真地学习了。

所以,对孩子的好成绩进行奖励是极其不妥的,容易误导孩子,得不偿失。然而,有些妈妈不同意,她们担心如果妈妈不在学习方面提醒或刺激,孩子就会不好好学习,这是多余的。

其实,孩子自己知道考试的重要性。从一上学开始,在老师的教导下，在与同学的相处中，孩子就天然地知道好成绩非常重要。人天生是追求美好的，每个孩子都想要好成绩，妈妈什么都不用说，孩子也会尽力去拿一个好成绩。而妈妈一旦对成绩进行奖励，反而会败坏孩子追求好成绩的胃口，因为好成绩不是那么容易就取得的，更不是那么容易就可以保持的，妈妈的奖励对孩子来说便成了巨大的压力，于是让孩子对好成绩兴趣降低。

也许有的孩子认为只有物质奖励可以让孩子快乐，可以对孩子形成刺激，但是，孩子和妈妈并不一样，好成绩本身就会给他带来巨大的快乐，已足以形成激励作用。他不需要妈妈的奖励就已经能够自发地燃起对好成绩的热情。

所以，妈妈不要对孩子的考试进行奖励。同时，妈妈更不要对其进行惩罚。一旦加入惩罚以后，无疑大大增加了孩子学习的压力，反而致使孩子容易紧张，容易发挥失常，从而自信心受挫，引起对学习的厌恶。

妈妈不奖励也不惩罚，这种坦然的态度，会让孩子在考试方面心理也比较坦然，使孩子的学习注意力不被分散，同时还可以平衡孩子在学校中的压力，对孩子的身心健康都有很大的作用。学习中没有压力，不但不会影响孩子的成绩，从长远的时间来看更能促进学习进步。

妈妈们应该记住：考试成绩本身就是奖励，就已经足够激励孩子再接再厉了。孩子不需要妈妈的奖励或惩罚，不需要妈妈帮倒忙！

越不让他学他越要学习，越让他看电视他就越看不进去

对于孩子来讲，喜欢看电视是他们的本性，电视以其特有的形象化的手段，吸引着孩子，给孩子的童年生活带来了乐趣，通过电视孩子可以增长见识，学到许多东西；对于幼儿来说，还可以促进智力的发育。但凡事都有个度，过度地看电视，会给孩子的健康带来不小的影响。近来一些科学研究结果表明，长时间看电视，不但会养成孩子老坐着的习惯，还会打乱孩子的吃饭时间影响食欲，对孩子的心理健康也带来不利的影响。

所以，妈妈经常对孩子看电视进行限制和管理，尤其是孩子上学以后，孩子和妈妈常常在两件事情上讨价还价：看电视和写作业。看电视时，妈妈规定只看一个小时就睡，孩子肯定会看一个半小时；写作业时，妈妈说写两个小时，孩子肯定背地里就写一个半小时。孩子因为看电视而耽误学习，这是很多妈妈最不能容忍的事情。"你就不能少看点电视，多看点书？""再看都成傻子啦！学习这么差还不抓紧时间学！""看电视多了眼睛会近视，对身体不好啊！"……无论是从健康的角度，还是从孩子的学习角度，妈妈都能说出很多少看电视多看书的理由，但孩子就是不听。这时候怎么办？也许妈妈可以从下面这个例子中得到一些启示。

平时妈妈总是说九点半必须上床睡觉，不然就把电闸关了。可是儿子不听，有时候妈妈出门去吃东西，他就在家看电视。听到妈妈上楼的声音他就把电视机关了回房睡觉，妈妈一摸电视机就明白，还是热乎的。这简直就像地下工作者与敌人的斗智斗勇。

儿子看书的时候，妈妈说："孩子，你今天多看会儿书吧，到10点睡，记得关上灯。"可是他每次关上屋门，根本就没有看书，而在里面看漫画或者睡觉。

看到打压行不通，妈妈就改变了策略。有一天晚上，孩子又在看电视。妈妈就对孩子说："儿子，今天你随意看电视吧，好看就多看会儿，记得一会儿帮我关了电视机。"结果她在自己屋里听，孩子还没看到一小时就关了电视机，进屋自己玩了。然后，妈妈就走进孩子的卧房问："怎不看电视啊？""唉，今天的节目没意思。"孩子说。"那你今天看书吧，不许看到很晚，九点半一定要关灯睡觉，注意身体，别太辛苦了。"结果，孩子学到10点才睡。

显然上文中的妈妈让孩子多看电视少读书并非"真情实意"，但是孩子哪管妈妈的意思，他就喜欢对着干，越是不让他学他越是要学习，越是要他看电视他还真就看不进去了。

孩子都有一种逆反的心理，并且会在这种叛逆的行为中找到满足感，这是非常正常的现象。妈妈越是说他，他越是不愿意去做；但是如果妈妈跟他说不要太努力了，他又会努力起来。易中天教育她的女儿时，就说"罚你出门玩"，把自由当成一种惩罚，让十分贪玩的女儿自觉地收敛起来，不再那么贪玩了。

所以，妈妈不妨也学着说些"言不由衷"的话，反向刺激孩子去做那些他们不喜欢做的事。要知道，人人都有惯性思维，与其花大力气去消灭它，不如因势利导地利用它。当你为你的孩子爱看电视不爱学习而头疼的时候，你不妨试试将对孩子看电视时和看书时说的话换过来，也许会取得大不一样的效果！

多看"没用"的书，培养出阅读的习惯

有一位上初中的男孩子，他总是怎么也写不好作文。他听从妈妈的嘱咐，每次去书店都会买一大堆作文指导书，他其实非常不喜欢读这类书，他更想读那些优美的散文，情节一波三折的小说，但他妈妈认为那些书都是"没用"的书。她常对儿子说："读那些小说和散文都是浪费时间的事情，一点用处都没有。这样吧，你读完这些作文书才可以去买其他的书。"孩子虽然当时答应了，但他依然很反感那些作文选。结果作文一直在抽屉里放着，孩子再没有提出过买小说和散文作品，他的作文依然没什么进步，并且阅读也搁浅了。

而另一位读初中的女孩子的妈妈则不同，她的女儿起初作文

也不太好，但她并没有像男孩的妈妈那样，为孩子买一大堆的作文辅导书，她让孩子自己挑选感兴趣的书，这样，孩子选了一些小说、传记、历史、随笔等。不到一年的时间，她的作文水平突飞猛进，并且语文成绩也好了许多。当孩子上初三时，为了把握中考作文方向与要点，才买了一本作文辅导书。

两个孩子遇到了同样的问题，可是两个妈妈采取了截然相反的对策，结果使得两个孩子的语文水平拉开了差距。

男孩的妈妈认为凡是与学习有关的书都是"有用"的书，凡是与学习关联不明显的书是"没用"的书。在她看来，只有作文书和教科书是"有用"的，而武侠小说、传记、散文、随笔等，都是"没用"的书。现在，很多妈妈和这个妈妈一样，不关注孩子的课外阅读，只是热衷于给孩子买作文选。但是，作文选远不如小说等"没用"书的营养价值高，二者之间的差距就像应试教育和素质教育的差距一样，前者是古板教条枯燥的，后者是灵活生动有效的。

作为家长，我们应该去全面看待孩子的学习。了解孩子的兴趣所在。在引导孩子阅读方面，切忌用"有用"和"没用"来概括书籍。为孩子选书，应尊重孩子意愿，在选择中以孩子的兴趣为核心要素，不以"有用"为选择标准。

妈妈也可以推己及人地思考，对成人来说，持久的阅读兴趣也是源于书籍的"有趣"而不是"有用"。所以，孩子的阅读兴趣也是来自阅读的乐趣。乐趣才能产生兴趣，兴趣才能养成阅读习惯，有良好阅读习惯的孩子才能通过阅读学到更多有用的知识，所以，只要孩子有兴趣，"没用"的书也会教给孩子有用的知识。

事实上，"有趣"与"有用"并不对立，有趣的书往往也是有用的书。陶行知先生曾建议把《红楼梦》当作语文教材来使用。一本好小说对孩子写作的影响绝不亚于一本作文选。凡古今中外那些流芳万世的经典作品，不论它的内容是什么，其中一定包含着真善美的东西以及丰富的知识，这些真善美影响着一个人的价值观和思维方式，而这些知识在潜移默化中增加了人生的丰富性。

当孩子兴致勃勃地阅读时，妈妈万万不可因为书"没用"而责怪甚至阻止孩子的阅读，这样不仅会影响孩子的课外阅读学习，还会影响孩子的阅读积极性。一位妈妈发现自己正在读初中的孩子爱读韩寒、郭敬明等一些青年作家的青春文学作品，大惊失色。虽然她从未认真读过这些人的作品，但她就主观地认定这些作品不健康，认为阅读这些作品浪费孩子的学习时间，所以她总是阻拦孩子去读。结果因此和孩子常发生冲突，孩子最终一概拒绝妈妈推荐的书，甚至不再看书。如果孩子不喜欢阅读，死抱着教材学习，那么孩子进入中学后就会越来越力不从心，到头来，原本认认真真看"有用"书的孩子，反而没有爱看"没用"书的孩子视野广阔，知识丰富、后劲十足。

妈妈如果怕孩子被一些不良图书影响，一定要让孩子到正规的书店买书,不要在地摊或一些不三不四的小店里买,以防买到内容低俗的书刊。凡在正规书店里买到的,并且孩子感兴趣的图书,应该都是适合他看的。让孩子课外多看看他感兴趣的有正规出处的"没用"书,才能培养出孩子爱阅读的习惯。

"温故"比"知新"更重要,不要等墙倒塌了再来造墙

初三一班正在召开学习经验交流会。

在一片热烈的掌声中,被同学们称为"才女"的小雪神采奕奕地走上了讲台。

"大家都说我聪明,其实不然,我和大家一样,我的学习靠的是不断地复习和练习,没有学习秘诀,只有熟能生巧。"

她顿了顿,接着说:"就拿英语来说吧,大家每天早晨都会在早读课上背单词、课文,学哪一课,就背诵哪一课,但是一下课就把什么都忘了。

"很多同学都很奇怪,我用来背诵单词、课文的时间可能比大家都少,为什么我能记住所学的内容,并且不容易忘记,考试前也不用费很多精力复习就能取得好成绩?

"其实,我的方法很简单,只有4个字:及时复习。比如英语,在一节课就要结束的时候,我会用几分钟的时间大致总结一下本节课的内容。晚上睡觉前我会用 5~10 分钟的时间背诵当天学过的单词或课文,第二天早上我会再用 5~10 分钟的时间试图回忆并背诵这些内容。到此,两个 10 分钟并不很长,但我已经完全掌握了所学的新东西。到早读的时候我会进一步复习,直到背得滚瓜烂熟。两三天之后、一星期之后、三星期之后,我都会再一次复习这些内容。其实每次复习只需用几分钟的时间,学习起来就很轻松。就这样,重复的次数多了,自然就不会忘记了。"

"温故而知新"是孔子教与弟子们的经典学习方法,大多学业有成的人,都受惠于此。"温故"是基本,只有基石稳固了,才能平稳地建造好"学习"这座宫殿。妈妈在教育孩子时,不要急切地逼着孩子学习新的知识,而是要首先把已经学到的知识吸收好。因为,不复习即会遗忘,最后就像"猴子掰玉米",什么也捞不着。

德国著名的心理学家艾滨浩斯通过研究发现学习中的遗忘规律:遗忘在学习之后立即开始,遗忘的过程最初进展得很快,以后逐渐缓慢。例如,在学习 20 分钟之后遗忘就达到了 41.8%,而在 31 天之后遗忘仅达到 78.9%。他在实验室中经过了大量测试后,产生了不同的记忆数据,从而生成的一种曲线,是一个具有共性的群体规律。此遗忘曲线并不考虑接受试验个人的个性特点,而是寻求一种处于平衡点的记忆规律，即艾滨浩斯遗忘曲线。

这条曲线告诉人们在学习中的遗忘是有规律的，即"先快后慢"的原则。这个规律就是在记忆的最初阶段遗忘的速度最快，后来就逐渐减慢了，到了相当长的时间后，几乎就不再遗忘了。观察这条遗忘曲线，你会发现，学得的知识在一天后，如不抓紧复习，就只剩下原来的25%。随着时间的推移，遗忘的速度减慢，遗忘的数量也就减少。

但是，记忆规律可以具体到我们每个人，因为我们的生理特点、生活经历不同，可能导致我们有不同的记忆习惯、记忆方式、记忆特点，所以，不同的人有不同的艾滨浩斯遗忘曲线。因此，妈妈要根据每个人的不同特点，寻找到孩子的遗忘规律，让他在大量遗忘尚未出现时及时复习，就能收到巩固成绩的效果。

俄国伟大的教育家乌申斯基曾经说过："不要等墙倒塌了再来造墙。"这句话生动地描绘了遗忘曲线应用的精髓：及时复习。

孩子对新事物比较好奇，充满了求知欲，而对已经掌握的知识没有多少兴趣。这种特性导致绝大多数孩子当时学到了知识，可是不久后又会遗忘多半。我们可以在平时有意识地督促孩子及时复习。在刚刚学完新知识后立即进行复习，加强记忆，并且以后还要再复习几次，但复习的时间间隔可以逐渐增加。比如学习的第一天后进行第一次复习，三天后再复习一次，下一次的复习则可安排在一周之后，以此类推。不管间隔时间多长，都要在发生遗忘的时刻及时复习、克服遗忘。

第五章

妈妈是孩子最好的
　心理医生

考试，不怕！帮助孩子战胜考试焦虑

某报曾经接到一位学生发来的"求救"信件："我所在的学校是一所乡镇初级中学。虽然学校的条件差，升学率也不高，但每年总有 1/4 左右的毕业生考取县重点高中或中专、技校。

"我初一、初二时的学习成绩都在班级前 3 名，在老师和同学们的心目中，我初三的升学考试是完全有把握的。可这次期中考试，我的语文、数学、英语成绩却大为退步，成绩跌至班级第 15 名。最近的一次复习考试，成绩依然不够理想。我担心这样下去，升学没有希望。

"我的父母都是地道的农民，家境不好，他们供我读书很不容易。他们对我的学习成绩一直是很放心的，在那偏僻的乡村里，为有我这样的女儿而自豪。

"可是，我现在……

"想到这些，我的心就不能平静，经常吃不下饭，睡不好觉。现在正是初中复习的紧要关头，我越来越烦躁不安……"

还有一名学生，连续两年参加高考，均因在考场上过度紧张而落榜，而按平时的考试成绩，他是完全可以进重点院校的。第一次高考，考数学时，有一道题他平时没见过，因此紧张起来，心跳加快，呼吸急促，神情慌乱，双眼模糊，看不清试卷，结果以3分之差落榜。经过一年的刻苦学习，他又走进了高考的考场。但一进考场，他又被笼罩在一种无形的紧张气氛中，明明会答的题目，甚至平时熟悉的题目都变得陌生起来，结果又以7分之差落榜……

这两名考生显然陷入了"詹森效应"的怪圈，以至于小考"战果累累"，大考"一败涂地"。詹森是一名运动员，他平时训练有素，实力雄厚，每次测试成绩都很好，但是他一到了赛场上就连连失利，根本发挥不出平时的水平。心理学家把这种平时表现良好，但由于缺乏应有的心理素质而导致竞技场上失败的现象称为詹森效应。詹森效应是人的一种浅层的心理疾病，就是将现有的困境无限放大的心理异常现象。

詹森效应在学生群体中比较常见。有些名列前茅的学生在大考中或高考中屡屡失利，细细听来，"实力雄厚"与"赛场失误"之间的唯一解释只能是心理素质问题，但最本质的是得失心过重和自信心不足造成考试过度焦虑。有些人平时"战绩累累"，卓然出众，久而久之，他们会形成一种心理定式：只能成功不能失败。再加之赛场的特殊性，周围人群对他的深切厚望，使他背负上沉重的心理包袱，自信心丧失，患得患失。被如此强烈的考试焦虑困扰，他们最终很难发挥出自己的真实水平。

其实，焦虑本身并不一定是坏的情绪。心理学工作者多次研究证实，在焦虑适中的情况下，工作和学习效率随着焦虑水平的提高而呈上升趋势。焦虑本身具有动力作用，它能推动人去积极工作，积极学习；焦虑具有激活作用，它能激发人的潜在能量，使工作和学习更有效率。考试之前适当的焦虑并非就是坏事，但一旦超过了心理承受能力，考试效率就将随着焦虑水平的增强呈不断下降的趋势。

当孩子出现过度焦虑紧张的症状时，妈妈可以采取以下几种方法缓解孩子的焦虑心态：

1. 音乐缓冲法。让焦虑严重的孩子听听舒缓、轻柔、优美的乐曲。平静一下孩子高度紧张的心情，也适当转移孩子的注意力。

2. 安排活动法。给孩子分配一些整理活动，让他自己整理好自己的生活用具、学习材料等；或者给孩子安排一些家务活，如洗碗、拖地、洗衣服。做点简单的活儿，也能减轻孩子的焦虑情绪。

3. 幽默娱乐法。跟孩子开玩笑，给他讲笑话，与孩子一起看看小品、相声、喜剧片，用欢笑冲淡孩子的焦虑紧张。

4. 重估后果法。考试焦虑的孩子往往对考试后果有错误的估计，认为少一分，天就可能塌下来。妈妈要让孩子对考试有正确的认识，一次考试虽然重要，但不能说明一切，这次考不好，还有下次。

5. 情绪宣泄法。妈妈要学会引导孩子将情绪宣泄出来，并倾听孩子的焦虑和不安，或者让孩子跟其他朋友、兄弟姐妹交流沟通，把焦虑紧张释放出来。

6. 自我"欣赏"法。让焦虑严重的孩子坐到镜子面前，看着自己焦虑的表情，对镜中的自己，倾吐心中的焦虑。

考试焦虑是孩子最常见的一种心理阴影，妈妈一定要给予足够重视，为了孩子能够发挥好自己的实力，更为了孩子的心灵健康发展！

笑出来，哭出来，走出忧郁的泥潭

张奕男患了严重的忧郁症，整天都感到情绪低落，心烦意乱，郁郁寡欢，注意力分散，思维迟缓，反应迟钝，干什么事情都缺乏兴趣，也没有了先前参加高考的勇气。

那还是在他刚记事的时候，爸爸在一场意外的车祸中不幸死亡，从那时候起张奕男就开始了和爷爷奶奶在一起的生活。每当张奕男看着别的孩子和爸爸妈妈在一起欢乐的样子，他不知道有多么羡慕。然而他逐渐地意识到这一切对他来说，永远是不能实现的。于是他开始有意地封闭自己，到了初中，凡是认识他的人都会说张奕男是个性格内向、文静、不爱交际的孩子。的确，中学时候的张奕男已经变得不愿意出头露面、孤僻、倔强。但是在张奕男心中，他的理想不会改变。

两年前，张奕男满怀希望地准备着高考，可是由于考前复习时用脑过度，常有头痛、失眠、恶心、食欲不振的感觉，在参加高考时又因心情紧张而出现心慌、脸色苍白、记忆力下降等症状。落榜后感到失落、烦闷。看着那么多的同学都步入了理想的大学，他深深地感到自卑、失望，心情极不舒畅。久而久之，他开始有了失眠、健忘、思维能力下降、多梦、腰酸、脖子疼等症状。

孩子的心理是极敏感也是极脆弱的，为了孩子能顺利成长，妈妈要密切关注孩子的情绪和心理发展，决不能让忧郁成为孩子健康成长和发展的暗礁。

美国自然科学家、作家杜利奥曾经提出过这样一条心理定律：没有什么比失去热忱更可怕，一旦失去热忱，人便垂垂老矣。人的精神状态不佳，一切都将处于不佳状态。人们管这条定律叫作"杜利奥定律"。

它揭示了一个本质性的问题：人与人之间只有很小的差异，但这种很小的差异却往往造成了巨大的差异！很小的差异就是所具备的情绪是积极的还是消极的，巨大的差异就是成功与失败。

情绪在人的心理活动中具有很强的动机作用。情绪是心理活动的伴随现象，在人类心理活动中的作用是其他心理过程所不能代替的。简单地说，情绪是人类认识和行为的唤起者和组织者。

简单地说,心情不好,状态不佳的时候,人是不会主动去做很多事情的。孩子也是一样,甚至比大人更敏感,更容易受到情绪的摆布。孩子如果能够把自己所做的事当成了一件快乐的事,那么他就会积极主动地去完成。而如果是被动地去执行,尽管有惩罚的威胁,但作用不大。

对于妈妈来说,使孩子保持乐观的情绪状态是很重要的。妈妈在培养、教育孩子时应该注意观察孩子的情绪变化和心理状态。尤其是要注意正值情绪大幅度波动时期的孩子们。

专家认为,孩子忧郁症的高发期主要是进入中学之后,青春期,由于不成熟和不稳定的心理特点,这个时期的孩子还没有具备适当的能力和技巧去面对成长中的挫折,因此,忧郁情绪成了孩子生长发育的一部分,有的表现为叛逆心理,常常和家长老师做反抗;有的表现为心境多变、偏激或突然的情绪摇摆;也有的表现为没有安全感、易生气和烦躁;甚至有些表现为逃学、冒险、吸毒乃至自杀的念头……

当孩子有了忧郁表现时,下列方法能帮助妈妈带领孩子走出忧郁的泥潭:

1. 教导孩子要理智调节自己的情绪。当孩子情绪低落的时候,妈妈首先要保持自己的冷静,既不要小题大做、大惊小怪,也不能视而不见、置之不理,要主动地冷静理智地帮助孩子分析他们对事物的认识是否正确,考虑是否周到。然后帮助孩子调整自己的看法和态度,纠正认识上的偏差。用理智控制消极情绪,有助于使消极情绪减弱。

2. 教导孩子转移调节情绪。在孩子心情低落的时候,妈妈可以帮助孩子把自己的已有情绪转移到另一方面上,使消极情绪得以缓解。比如让孩子和同学讲讲笑话,打打球,或者出去散散步,做一些令孩子开心或是振奋的事情,让愉快的活动、积极的情绪来抵消消极的情绪。

3. 适时给孩子积极暗示。妈妈可以通过自己的积极暗示来减少或是消除孩子的低落情绪。当孩子忧郁的时候,妈妈告诉他:"忧愁无济于事,还是面对现实吧。""办法总是比问题多,什么难题都是可以解决的"。在早上起床的时候告诉他:"新的一天开始了,昨天的忧伤已经过去,你要开开心心地度过今天。"这些积极暗示,会悄然地改变孩子的心境。

4. 恰当的目标刺激。没有目标、没有方向,处于迷茫状态的孩子,容易失去生活的盼头而产生忧郁情绪。这时应该引导孩子为自己树立一个目标,一个在近期内可以完成的目标,使孩子有方向感,从而不会感到无事可做,不会因为空虚产生忧郁情绪。

5. 适当的情绪宣泄。当孩子心中有烦恼和忧愁时,妈妈要引导孩子向老师、同学、父母以及兄弟姐妹诉说,或者用写日记的方式进行倾诉;情绪低落时,可以大哭一场,在什么事情都不想做的时候,也可以适当地运动,使自己精神振奋。适当宣泄情绪对排解忧郁具有很大的积极作用。

忧郁情绪会出现在任何人身上,从这个方面来说,它没有什么大不了；而当一个人的忧郁情绪过重时，也许就会有很大的影响了。所以，妈妈要注意孩子的情绪变化，要及时引导孩子疏离忧郁情绪，让孩子在积极乐观的情绪中成长吧！

"我怀疑全班同学都恨我"，那不是真的

苗苗是班上的纪律委员，自习课上当有同学讲话或是影响纪律时，她都得进行阻止。其实苗苗并不想这样做，因为人际关系很好的她怕与同学关系闹僵，但是迫于老师的压力，她又不得不这么做。

妈妈1个月前发现了苗苗的异常。一直在班级里名列前茅的她居然退到了中后的位置，而且人看上去也有些呆呆的，没以前爱笑了。

问了苗苗，她告诉妈妈，现在班上没有人和她说话，同学们都不爱搭理她，她怀疑全班同学都恨她。

但班主任的话却让妈妈大吃一惊。"哪有什么同学恨她啊，从来没有。也没有同学不理她，倒是最近苗苗上课注意力不集中，总发呆，而且下课老是一个人趴在桌子上。"

妈妈着急了，急忙向心理咨询师求助。心理咨询师给出的结

论是：可能是孩子内心太矛盾了，来自老师和同学的双重压力让苗苗得了妄想症！

妄想是思维变态的一种主要表现。"妄想"是指整天多疑多虑，胡乱推理和判断，思维发生障碍，是精神疾病的一个重要症状。妄想症患者可能伴有幻觉，但无其他明显的精神症状。如果一个人坚持的信念是错误的，甚至与社会现实及文化背景相抵触，还毫不动摇，就基本上可以判断患了妄想症。妄想是一种在病理基础上产生的歪曲的信念，病态的推理和判断。它虽不符合患者所受的教育程度，但病人对此坚信不疑，无法说服，也不能以亲身体验和经历加以纠正。

妄想有历时短暂的，也有持久不变的。妄想的内容连贯、结构紧凑者称为系统妄想；内容支离、前后矛盾、缺乏逻辑性者称为非系统性妄想。

一般说来，妄想症主要是由于患者遭遇了意外事故、挫折或失败等精神刺激引起的。像上例中的苗苗，因为在学校受到来自老师和同学的双重压力，长期处在煎熬中，让苗苗渐渐地患上了妄想症。

孩子的想象力本来就很丰富，容易胡思乱想，尤其是青春期的孩子，特别在意别人对自己的看法，有时候会产生担心被别人加害的想法。所以，当孩子的想法过于奇特，或者很执着于这些想法的时候，妈妈则有必要怀疑孩子是否产生了幻觉或是妄想。

当发现孩子讲一些不着边际的话，丝毫不觉得自己的谈话内容古怪时；当孩子被一些只有孩子本人能够听见的命令所左右，并且伴有强烈的不安和焦虑情绪时，这时，就需要接受治疗了。

一旦发现孩子有了妄想的倾向，最好尽早去相关的机构进行检测治疗。

对于妄想症，目前临床治疗主要通过药物治疗，此外，还可以通过心理治疗来辅助进行。通过给予病人支援来改变他的某些行为，这一时期，要避免给予病人过度的压力。

妈妈可以在日常生活中帮助孩子走出妄想多疑，具体可以从以下几个方面做起：

第一，教会孩子理性思考，不要无端猜疑。当发现孩子开始妄想猜疑时，引导孩子不要朝着有利于猜疑的方向思考，而应问孩子自己：为什么我要这样想？理由何在？如果怀疑是错误的，还有哪几种可能发生的情况？在做出决定前，多问几个为什么是有利于冷静思索的。

第二，发现孩子的优点，增强孩子的自信心。每个人都不是十全十美的，都有自己的优点和不足。不要只看到缺点而灰心丧气，更重要的是发现自己的优势，培养自信心和自爱心，相信自己有能力，会给他人一个良好印象的。这样孩子就会充满信心地学习和生活。

第三，增强孩子对自我的调节能力。一个人在人生旅程中，难免遭到别人的议论和流言。妈妈要教孩子善于调节自己的心情，不要在意他人的议论，该怎样做还是怎样做，这样不仅解脱了自己,而且产生的怀疑也烟消云散了。

第四,加强交流,解除疑惑。有些猜疑来源于相互的误解,如果是这种情况的话,就应该通过适当的方式,双方坐下来交流。通过谈心,不仅可以了解各自的想法,消除误会,而且还避免了因误解而产生的冲突。

总之,妈妈要密切关注孩子的内心想法,尽早把孩子从胡思乱想中解救出来,别让孩子钻进牛角尖而不可自拔。

赶走堆积的压力,不让抑郁找上孩子

小静是家中的独生女,父母都是知识分子,对她抱有极高的期望。因此,小静从小受到的教育要比别人多些,智力开发也比别人早些,学习成绩一直很好,每次考试都是优秀。

但是,期中考试时,小静患了重感冒。由于身体不适,精神不振,再加上心情紧张,有一科没考好。受此影响,后面的其他科考试成绩也不好。尽管小静没有考好,但是爸爸妈妈没有怪她,反而鼓励她,但小静仍是不开心。而且从那之后,她就变得沉默寡言、闷闷不乐,有时候还精神不振,一副没睡醒的样子,在家学习时也打不起精神。而且,妈妈还发现,自那之后,小静的饭量明显地比以前减少了。

这几天,小静总说自己不舒服,不想去上学,妈妈要带她去医院,她也显得很不耐烦,不肯去,妈妈没办法,只好帮她跟老师请了假。在家里,小静也只是闷在自己的小房间里,只有吃饭的时候才出来。

妈妈看到小静这个样子很心疼,于是给班主任老师打了个电话,询问近期小静的情况。老师告诉妈妈,自从期中考试之后,小静就像是变了个人似的,整天沉默寡言、闷闷不乐的,下课也不和同学们一起玩耍了,而且上课的时候还经常走神,学习成绩也开始下降。

妈妈想不明白,不就是一次没有考好吗,小静怎么就突然变了一个人?

很多人都认为,如今的孩子不愁衣食,受到的照顾无微不至,他们怎么会抑郁呢?其实,孩子在得到铺天盖地的爱的同时,却失去了随心所欲地玩的自由,失去了与父母拥抱、游戏和谈话的机会……这些都会使孩子产生压力,引发他们的抑郁。

在孩子的眼里,这是一个陌生的世界,每天都会有很多新的事物发生。孩子正以惊人的速度吸收各类不同的信息,结果他每天都发现很多不可理解的事情。爸爸妈妈可能会离开一段时间,不知去了哪里,还会不会回来?白天在街头看见一只大黑狗,晚上睡觉时就会想,狗会不会趁我睡觉的时候走进我的房间咬我呢?或者会不会有魔鬼躲在我的床底下呢?妈妈送我上幼儿园,爸爸、妈妈都不去，为什么我要去呢？幼儿园是什么地方？这些忧虑使孩子不安和恐慌。

有的孩子小小年纪就遇到了感情上的重大打击，如亲人去世、父母关系紧张或离异、考试失利（特别是未考上理想的学校）等，往往会出现情绪上的强烈反应。此外，学习成绩不好，长相不出众，总认为自己处处不如人，不受老师重视，不引人注目等，也会使孩子产生一种失落感。

成人抑郁，可以向人诉说、排泄，孩子感到压力时，由于语言表达能力有限，往往无法清楚地表达自己的情绪，因此，他们有时无法得到成人及时的帮助，而且他们由于自身的知识以及处世经验缺乏，处理问题的能力差，因而不能自己排解压力。所以，当压力过大或者持续时间过长时，孩子会产生很多生理或心理问题，这些将严重损害孩子的身心健康，这时，孩子就可能出现精神抑郁。

抑郁使孩子感到孤立、恐惧和不快乐。抑郁的孩子不知道自己哪里不对，只知道自己的感觉糟透了，不像以前的自己。当他感觉越来越糟的时候，会感到自己越来越没有力量，不能控制自己的心情和生活，好像有一种神奇的东西在控制自己。一些中小学生还通过饮酒、上网聊天、吸毒等来排解抑郁，但是这样的结果往往会使他们的抑郁加重，还有一些人试图自杀。

要想使孩子健康成长，最好的办法就是让他感到快乐。作为妈妈，如何帮助孩子驱走笼罩在他心头的阴云呢？怎样才能帮助孩子走出抑郁情绪呢？妈妈可以从以下几个方面入手：

1. 真诚地鼓励孩子：对于孩子来说，没有什么能比妈妈真诚的鼓励更能激励他们去热爱生活和追求成功了。对于孩子在成长过程中不可避免的错误和缺点，要能够给予充分的理解和宽容。对于孩子的特长和获得的成功，要给予及时的肯定和鼓励。不论什么时候，都不能太苛求孩子的言行和举止。

2. 学会倾听：倾听不仅能帮助你真正地了解孩子，而且对于孩子来说，也会释放出他内心的压抑，从而消除顾虑。作为妈妈，在孩子紧张、不安，或者苦闷的时候，不妨试试耐心地听听他的诉说，让孩子感觉到妈妈能理解他，从而在内心产生欣慰之感，进而使紧张情绪得到缓解。

3. 让孩子合理宣泄：当孩子遇到困难，情绪压抑的时候，要告诉孩子，不要把烦闷锁在心里，有不开心的事情要说出来。此外，还可以教给他一些宣泄情绪的小窍门，比如让他大哭一场，或者做一件自己喜欢的事情，还可以和好朋友倾诉等。

4. 减轻孩子的压力：首先不要给孩子安排过多的任务，不要给他多大压力，而且当他压力大时，妈妈还要及时帮助孩子减压，可以带孩子去玩或者和孩子一起参加劳动，让孩子从压力中抽离出来，重新调整好心态和状态来面对压力。

尽管并不是每个孩子都有患抑郁症的可能，但也应该引起妈妈的特别警惕，如果妈妈对自己的孩子有这方面的担忧，就应该及时带孩子去咨询或看心理医生。

孩子也会"心累",需要妈妈帮助恢复"元气"

香薇是某重点中学的学生,上高一、高二时,她的成绩还不错。自从进入高三后,她总是抱怨学习负担过重、压力过大,心太"累",各种测验、模拟考试不断,她开始对考试产生紧张、恐惧、抵触,似乎"忍无可忍",她的学习热情一落千丈,不愿做作业,一提作业就发怵,一看书就犯困,不愿翻书本。她开始想方设法逃避考试,后来干脆连课也不去上了,早晨赖在床上不起,摸都不愿摸一下书本。面对父母的责备,她一会儿声言肯定能考上一个不错的大学,一会儿又说不想考了。

当父母问她为什么不想学习、讨厌考试时,她从不在自己身上找原因,总是找一些客观的理由:坐在最后一排,听不见老师讲课;老师留的作业是一天24小时也做不完的;周围同学太吵了;基础不好等。父母心里很不舒服,却又不知道如何是好。

其实,香薇的情况属于典型的对考试、学习的抵触而产生的心理疲劳。

科学家曾试图了解人脑能够持续工作多长时间才会感到疲惫,研究的结果令人吃惊:人的大脑持续工作8～12小时之后,工作能量还像开始时一样迅速和有效率。

既然如此,那么我们为什么会疲惫呢?心理学家认为,我们所感到的疲劳，很大程度上是由精神和情感因素引起的，比如烦闷、不受欣赏、无用的感觉、太过匆忙、焦急、忧虑等情绪。

这就解释了为什么幼童总是精神饱满，大人却更容易感到心理疲倦。因为幼童大多时候都是无忧无虑的，而人越长大越容易受消极情绪的影响，尤其是对那些处于青春期心理变化巨大的青少年们，各种莫名的情绪和压力都会给他们带来困扰，因此本应生龙活虎的他们却时常感觉到心理疲劳，就像上面的香薇一样。心理疲劳不是病，没有药可以医治，但是如果不进行休整治疗，疲倦不会自动散去，反而会滋生更多的心理问题。

孩子和大人一样都会"心累"，只是孩子不懂得怎样去消除心理疲劳，他们需要妈妈帮助心理恢复"元气"。妈妈怎样做才能帮上孩子呢？

首先妈妈必须知道，一个人做喜欢的事，才不容易疲劳。当有人问沃伦·巴菲特他的成功之道时，他回答："我和你没有什么差别。如果你一定要找一个差别，那可能就是我每天有机会做我最爱的工作。如果你要我给你忠告，这就是我能给你的最好忠告了。"比尔·盖茨也曾说过："每天清晨当我醒来的时候，都会为技术进步给人类生活带来的发展和改进而激动不已！"所以，妈妈不要强迫孩子做他不喜欢的事。

但是对于一般的人来说，长时间做某一件喜欢的事情，也会感到一些厌倦。比如喜欢学语文，就把所有时间都用在上面，这种做法显然也会导致厌倦疲惫。如果把几个科目换来换去，脑子就不容易厌倦而麻木，头脑始终能保持比较活跃的状态。所以，妈妈可以帮助孩子做一个合理安排，让孩子在事情的搭配中保持头脑的灵活。

是否受到鼓励也是影响心理疲劳的重要原因。很多孩子得不到妈妈的鼓励、老师的赞赏，这样长久下去，孩子便会在情绪上浪费大量能量，从而感到非常疲劳。因此，妈妈的鼓励，是帮助孩子克服心理疲劳的良药。

最后，帮孩子摆脱"心理疲劳"状态最重要的是"减压"。妈妈不要对孩子抱有太高的期望值，而是要用不断取得的小成绩激励孩子，使孩子在愉快的情境中消除身心疲劳。不妨设个"记功簿"，将孩子的每一次小小的进步都记上去。你给他记的"功绩"越多，他越会感到愉悦和自信，长期下去，"心理疲劳"的现象便消失了。那些情绪上处于良好状态，没有什么压力感的人，很少感到疲劳。

妈妈消除"红眼病"，让童心远离嫉妒

小茜和文怡从小就是好朋友，两家只隔着一栋楼，从上幼儿园开始，两个人就在同一个班，现在他们已上小学三年级了。平

时,两个小伙伴经常整天腻在一起,晚上放学后也一起写作业,有了喜欢的东西也愿意和对方分享。

但是最近,妈妈发现,小茜似乎对文怡有些反感,平时放学也不和文怡一起走了,作业也是自己一个人写,也不去找文怡玩了,有时候文怡过来找她玩,她也是爱答不理的。妈妈感到很奇怪。

这天放学后,小茜又是独自一人回来了,到家后,就不声不响地回到自己的房间里写作业。过了一会儿,电话响了,妈妈接起来后,是文怡打来找小茜一起出去玩的。

"茜茜,文怡叫你一起出去玩。"妈妈叫小茜接电话。

"我不去,就说我正在写作业呢。"小茜闷闷地说。

"茜茜,你怎么了?"妈妈握着电话不知道该怎么说。

"我都说了不去了,真烦。"小茜不耐烦地说。

"对不起啊,文怡,小茜她有点不舒服,今天就不去找你玩了,明天让她过去找你好吗?"妈妈只好这样告诉文怡。

放下电话后,妈妈进了小茜的房间,小茜正在玩铅笔,闷闷不乐的。

"茜茜,你怎么不理文怡了,你们不是好朋友吗?"妈妈和蔼地问女儿。

"没有呀,只是我今天心情不好。哎哟,妈妈,你让我一个人静会儿吧。"小茜说。妈妈只好出去了。

吃晚饭时,爸爸说:"小茜,听说文怡被评为'市三好学生'

了，怎么没听你说过啊？"小茜突然就放下了碗筷，一脸的不服气："哼，那有什么了不起的！还不是因为她经常拍老师马屁，要不能轮到她这样的马屁精吗？谁还跟她做朋友……"

妈妈听到小茜这么说，忽然明白了，原来小茜因为嫉妒而不愿意与文怡交往了，但是小茜的话也让妈妈出了一身冷汗。原来前一段时间，有一次吃饭的时候，妈妈跟爸爸抱怨："单位新来的小李这次被提拔为销售部副经理了，真是想不通领导是怎么想的，我们部门里能力、业绩比他好的人大有人在，为什么单单提拔他呀，还不就是因为他会拍领导马屁，经常给领导送些小礼物吗……"

妈妈没想到自己一次无心的牢骚竟然对小茜产生了如此大的影响。

有多少妈妈会在日常生活中去注意自己的言行呢？很多妈妈认为家是最安全的地方，因此工作、生活中的不满、牢骚都会在家里一一发泄。殊不知，在潜移默化中，孩子却习得了你的言行。

嫉妒是我们每个人都体验过的一种情绪，当然孩子也会有嫉妒心。嫉妒在每个孩子身上都有程度不同的反映。有嫉妒心的孩子，往往爱指责别人，或想办法让别人不如自己。

要想让孩子远离嫉妒，首先要给孩子提供一个良好的家庭环境。

在家里，最好不要当着孩子的面议论同事、领导或孩子的老师,尤其是不要贬低他们。每个人有每个人的长处和短处,贬低别人并不能抬高自己,还会对孩子产生不良影响。对于他人取得的成绩,心胸要开阔,以一种豁达的态度去对待,为别人的成绩而鼓掌。这样,孩子在潜移默化中就会受到影响,会正确地评价自己和他人,同时也能为他人取得的成绩而喝彩。

其次,要了解孩子嫉妒的起因。孩子对他人拥有自己不具备或得不到的东西,往往会产生一种由羡慕转化为嫉妒的心理,这是很正常的现象。妈妈平时应该多和孩子接触交流,及时掌握孩子的心理变化,了解孩子嫉妒的直接起因,如"文怡被评上了'三好学生'而我没有","苗苗有一个我没有的布娃娃"等。只有了解了孩子嫉妒的起因,才能从具体事情着手解决孩子的嫉妒。

在了解孩子产生嫉妒的起因时,妈妈要耐心倾听孩子的心理感受。要知道,孩子的嫉妒是直观、真实自然的,它完全不像成年人那样掺杂着许多其他的社会因素,它只是孩子们对自己愿望不能实现而产生的一种本能的心理反应。因此,当孩子显露出嫉妒心时,妈妈千万不要严加批评指责,更不要冷嘲热讽。

要知道,当孩子在跟你诉说时,他正体验着强烈的不快甚至愤怒,此刻的孩子最需要的是向亲人将自己的愤怒、不安、烦躁等和盘托出,希望有人能听他诉说,并理解他,体谅他。

等你听完了他也许是语无伦次的诉说后,你不必加以评论;相反,你可以轻松地对孩子说:"哦,我还以为有什么大不了的事情呢。"要知道,你的轻松和微笑可以有效地缓解孩子的嫉妒心。

在帮助孩子化解嫉妒心时,要为他正确分析与他人产生差距的原因。一般说来,孩子往往会将自己的嫉妒简单地归咎于自己或所嫉妒的对象,而不去考虑其他因素。此时,你要帮助孩子全面分析造成他们和所嫉妒对象之间差距的原因,这些差距能否缩短,以及缩短差距的途径和方法,以便使孩子能正确与他人进行比较,以积极的方式缩短实际存在的差距,最终化解内心的不平衡。

"嫉妒这恶魔总是在暗暗地、悄悄地毁掉人间美好的东西。"要想让孩子远离嫉妒,最重要的是妈妈要以身作则,豁达的妈妈,教育出来的孩子必然有一颗豁达的心,他们懂得为别人取得的成绩而喝彩。

取消不当的奖惩方法,赶走可怕的"考试瘾"

睿渊是北京一所重点高中高二的学生。他家离学校很近,他每天放学后,匆匆吃完饭,就钻进自己的卧室开始学习。晚上他通常学习到凌晨两三点,早上五六点才起床,妈妈劝他注意休息,但无论怎么说,都无济于事。因为他太爱学习了,不这样做就非常焦虑，甚至抓狂。

他的这种学习状态可以追溯到初中。那时，睿渊经常考全班第一名，但他对此很不满意，他一直以考全市第一为目标，对学习毫不懈怠。

睿渊上初三时，为了考上最好的高中，他开始更加疯狂地学习。初三本来就是很紧张的时候，所以睿渊的妈妈没有太在意孩子的这一做法，但上了高中后，睿渊还是很拼命，甚至在暑假期间，睿渊仍然每天都发奋学习，他对自己的要求是，在高一就要把高中三年的知识学完，以保证自己在这所全国重点高中拿第一。他妈妈当时觉得苗头不对，想带睿渊去看心理医生，但睿渊的爸爸反对，他认为这是孩子太爱学习的原因，不能批评，更不容另眼看待。

但后来，睿渊这个高二的孩子身体日渐瘦弱，神情过于亢奋，终于有一天承受不住，住进了医院。

目前的应试教育压力极大，学生们容易对此产生消极抵触心理，这比较能理解，而像睿渊一样，对学习有过度的激情，甚至到上瘾的程度，强迫自己超负荷学习而导致身心最终崩溃，这就属于不太正常的心态了。人天生就有"趋利避害"的心理机制，它包含两方面内容：人会对来自外界与自身的压力和不利因素本能性地进行反抗抵制和逃避；人会对自己所想要的东西有着本能性的向往，想占有，想获得，想取得，并采取一定的行动来实现它。这是一种健康的心理机制，而有一种与其相反的心理机制是

"趋害避利",即对于那些不好的东西却"趋之若鹜",而对于那些有利的事物却"避而远之"。

睿渊的这种"瘾"其实不是"学习上瘾",而是"考试上瘾"。学习上瘾的孩子,享受的是知识带来的快乐,是一种"趋利避害"的健康心理机制,而"考试上瘾"的孩子所追求的,不是知识带来的天然快乐,而是家长、老师等外人的奖励和认可。他们趋向于被别人控制,而逃避自我的快乐与自由。这其实是"趋害避利"的不健康心理机制。如果孩子在成长的过程中,任由这种心理机制发展下去,他最后一定会导致偏执型人格障碍,成绩将成为他唯一支柱,这个支柱一旦坍塌,他极有可能走向精神分裂。

妈妈往往害怕孩子有"网瘾",但少有人会担心孩子有"考试瘾"。甚至有些妈妈还希望孩子能有"考试瘾",认为只要孩子喜欢考试,他就会喜欢学习,就能学到更多的知识了。其实,这种"考试瘾"甚至比"网瘾"还害人。网络成瘾的孩子,在心理机能上,基本上是正常的。这些孩子大多在学校得不到老师的关注,在家里感受不到父母的爱,或者父母给的压力太大。这些孩子便本能地产生趋利避害的心理,逃避家庭学校,而进入网络世界寻找温暖。而"考试成瘾"的孩子则颠倒了这种本能的机制,几天没考试、不学习就非常难受,这是不正常的心态,干预起来也比较困难。如果这种"嗜考症"的不健康心态长期发展下去,孩子最后要么发展成偏执型人格障碍,要么发展成精神分裂症。

要防止孩子染上"考试瘾",聪明的妈妈首先要懂得对待孩子的成绩看淡些,不要只根据孩子成绩好坏奖罚孩子。孩子取得了好成绩,不要给予他很高的鼓励,不要把物质奖励和外界赞赏变成孩子考试的动机。而当孩子没考好时,要给予理解而不是责骂。不要让孩子因为压力而强迫自己患上"嗜考症"。学校里对成绩的过分渲染对孩子本身已经造成负面影响了,妈妈一定要使孩子意识到考好考坏都是正常的,妈妈不会因为他的成绩而去片面地评判他,这样才能与来自学校的负面影响相互抵消,让孩子更健康地成长。

另外,妈妈要鼓励孩子发展其他爱好,或者让孩子适度参与家务活动,不要让孩子把所有精力和心思都放在学习上。当学习成绩不再是孩子的唯一精神支柱时,孩子就不会再有"考试瘾"了。

呵护孩子的自信,保护孩子远离自卑

小雯上五年级了,成绩一直都不错,一般都在班级前10名。一次小测试,小雯没有考好,老师一脸铁青地叫骂着:"你丢不丢脸啊!居然才考80多分,你看人家倒数的小飞都超过了你!"事后,小雯宛若一个泄了气的皮球,眼泪汪汪地坐在教室里。

之后的一个学期,小雯都闷闷不乐的。她比以前更加努力学习,特别害怕考试成绩差被老师骂,但是似乎她越努力学习成绩越吃力,她的成绩也是时好时坏,发挥不稳定。渐渐地,小雯觉得自己学习真的不行了,她认为自己再努力也不能像以前那么好了,因为现在好像自己越来越笨,而其他同学都越来越聪明。从此,小雯不再对学习有热情了,学习对于她来说变成一个折磨,而她的成绩也一落千丈,令人跌破眼镜。

毋庸置疑,小雯幼小的心灵,已经被老师深深地刺伤,她已陷入了深深的自卑之中,从而没有自信好好学习。

自卑是一种性格缺陷,自卑对孩子的心理健康会产生很多负面影响,更会对一个人的身心的正常成长起消极作用。心理学家认为,每个人都有先天的生理或心理欠缺,在潜意识中,都有自卑心理存在。一个人的自卑不是与生俱来的,大多是在后天的成长过程中养成的。在现实生活中,妈妈如果不能正确地对孩子进行教育和引导,就容易使孩子产生自卑心理。

事实上,孩子的自信可以是妈妈呵护出来的。那么,妈妈应该如何引导孩子走出自卑这种不良心理障碍的误区呢:

1. 要引导孩子正确认识自己,接纳自己。一个人要对自己的品质、性格、才智等各方面有一个明确的了解,方可在生活中获得较为满意的结果。既要看到自己的不足,也要看到自己的优点,人才能在挫折面前摆正心态,即使自己在这方面有些笨拙,但在另一方面自己也可以做得很好,这样平衡下来,人的自信就不会流失，也就不会陷入自卑的漩涡中。而只看到自己的不足，连自己都不信任的人，当然很难引起别人的兴趣和注意，这恰恰助长了自卑，如此形成了"恶性循环"，越发增长了羞怯和自卑。所以，妈妈要经常给孩子以鼓励，让他不但能认识自己，还要全面接纳自己。

2. 要让孩子学会正确与人比较。自卑感强的人往往拿自己的短处跟别人的长处比，其实，这样越比越泄气，越比越自卑，有的孩子因为学习不好而产生自卑就是这个原因。

如果自己的孩子学习不好，妈妈就不应该拿孩子与学习成绩好的同学相比。如有的父母经常说："你看看隔壁的小刚，年级和你的一样，他的成绩就这么好，为什么你的成绩就这么差？"这种比较只能使孩子越比心情越糟，其实在比较中扬孩子的长、避孩子的短的方法往往更能增强其自信心。

3. 引导孩子对自己有合理的要求。有的孩子表现欲很强、野心也很大，总想在各个方面都做到最好，得到人人的称赞，所以对自己的要求十分高，而这些过高的要求经常让孩子尝到挫败的滋味，因而心理产生落差，容易形成自卑心理，认为自己不够强。所以，妈妈要让孩子对自己有合理的要求，不要给自己太大的压力和太高的设想。

最后，给妈妈们提供帮助孩子克服自卑心理的6条智慧：

1. 在生活中要注意并善于发现孩子的优点和点滴的进步，并不失时机地给予肯定和表扬。

2. 不要总拿孩子的缺点和别人的优点做比较，更不要贬低孩子。

3. 不管你的孩子表现如何，都不能随便做出"没有出息"之类的负面判断，也不能任意给孩子贴上"窝囊废"之类的灰色标签。

4. 不要单纯抽象地用貌美、聪明、学习成绩好等夸奖来满足孩子的自我表现欲，而要尽可能地在具体地不同层次上让孩子看到自己特有的优势，从而实现高质量的自我满足。

5. 要教育孩子重视自己每一次的成功。成功的经验越多，孩子的自信心也就越强。

6. 要让孩子知道，只要付出，就会有收获；付出得越多，收获的就越多。

妈妈不要吝啬你对孩子的信心，更不要伤害孩子的自信，要知道，孩子需要自信来赶走自卑，他需要妈妈来维护他的自信。

尽早处理孩子的恐惧，赶走孩子心中的"鬼"

菁菁今年 10 岁，是一名小学生。当醉人的春天百花盛开时，她的情绪就会非常低落，因为她对花有一种莫名其妙的恐惧。

她怕花的经历要追溯到她很小的时候。当她7个月时，她母亲抱着她去亲戚家参加婚礼，刚进新房，院里响起了鞭炮声，一只小花猫蹿上桌子，把插着花的花瓶碰倒在地上。见此情景，菁菁非常害怕，大哭起来。10个月时，奶奶抱她在院子里玩，一走近院里种的牡丹花她就大哭起来，怎么哄也不行，抱她离开花，就不哭了。1岁时，家里人又带她去串门，发现她一看见别人家床单上的花卉图案和花瓶里插的花就放声大哭。家里人这才意识到菁菁怕花，但并未引起家人的重视。

但是，随着年龄的增长，她对花的惧怕程度不但没减轻反而更加严重了。4岁时，她和院里的一群孩子跟在出殡的队伍后面看热闹，当她发现棺材上的大白花和人们佩戴的小白花时，立刻转身没命地往家里跑，跑到家里已经面无血色了。奶奶焦急地问她："发生了什么事？"她惊恐异常地答道："花追我来了！花张着嘴追我来了！"逗得全家人哄然大笑。

6岁时，她上了学前班，刚一去就赶上欢度国庆节，排演文艺节目。她们班女同学的节目是手持纸花跳舞，这下可触犯了她的忌讳，说什么也不肯参加排演。以后渐渐发展到只要是花她就害怕，无论是布上、纸上的花卉图案，还是纸花、塑料花、鲜花，她都怕得不得了。近几年，城市绿化有了进展，很多街旁绿地上栽种了各种鲜花，令人赏心悦目。可是这对菁菁来说却是件可怕的事，在上学的路上，为了躲开那些"可怕"的鲜花，她不得不绕道走未种花的偏僻路。时间一长，同学们都知道她怕花，常跟她开玩笑，故意往她身上扔花，经常吓得她面色苍白，手脚冰凉，甚至上课时她也不能集中注意力听老师讲课，总是东张西望，唯恐窗外有人把花扔进来掉在她身上。在她的心里，花是那么可怕，使得她生活不安宁，以致成绩下降。

有些人可能觉得菁菁怕花简直是不可思议，实际上，菁菁怕花已经是恐惧症的一种表现了。

每个人都有害怕和恐惧的经历，孩子也是一样。恐惧是孩子在心理发展过程中普遍存在的一种情绪体验，是他们对周围客观事物一种正常的心理反应。恐惧与儿童的身体大小和应付能力有关，反映了儿童的智力发展水平，恐惧的内容反映了儿童所处的环境特点及年龄发展阶段的特点。

许多恐惧不经任何处理，随着年龄增长均会自行消失。但是，也有一些恐惧，如果没有得到及时的干预，就会不断加强，并泛化到其他的情境。如有的儿童害怕一个人待在房间里，如果不加干预，可能就会发展成害怕电梯、小轿车等其他封闭的场所，这样的恐惧可能会逐渐发展成恐惧症。上例中菁菁对花的恐惧症就是因为小时候对花的恐惧没有得到及时的干预而导致的。

一般说来，恐惧症患者惧怕的内容比较稳定，持续的时间较长，不易随环境、年龄的变化而消失。孩子会由于恐惧产生回避或退缩行为，任何劝慰、说服、解释都显得无济于事，严重影响着他的正常生活和学习。

研究发现，儿童恐惧症主要是因环境、教育造成的，而其中又以父母的行为方式、教育方法的不当为主。比如，妈妈对孩子溺爱、过于保护、限制孩子的许多行动，或者用吓唬威胁的方法对待孩子的不听话，当着孩子的面毫无顾忌、绘声绘色地讲述一些可怕的事情。大人过严过高的要求，家庭成员关系不和睦或对孩子缺乏一致性、一贯性的教育也会诱发儿童恐惧症。

孩子的各种恐惧，都是成长过程中必然伴有的现象。但是，这并不意味着这些恐惧就无关紧要。妈妈应该从以下几个方面来帮助孩子克服恐惧，使他们能够健康成长。

首先，千万不要以成人的想法代替孩子的认识。成人认为没有一点神秘气息的东西，在孩子看来可能会成为孩子精神紧张的原因。如果妈妈不顾及孩子的特点，一味地给他看"恐怖片"或读让他觉得"可怕"的故事，孩子的恐惧感就会与日俱增。

其次，孩子的想象力非常丰富，无论何时都不要把他单独锁在一个陌生的、狭小黑暗的地方，不要因为过分的担忧而不由自主地给孩子带来恐惧，如"别靠近狗，当心它会咬你"，这样在无意中妈妈就会把恐惧灌输给孩子。

另外，不要简单地拿别人做榜样，要求孩子"不要怕"。如"××比你小都不怕，你比他大还怕什么？"这样做易使孩子产生负罪心理，好像"害怕"是一件很丢人的事。可以这样告诉孩子："没关系的，我们大人也有害怕的事。"

不做安慰和解释就让孩子独自承担压力，是逼孩子硬充好汉。只有给孩子必要的知识和情感上的装备，让孩子独自面对困难，才能成为一种锻炼。

当然，为孩子创造一个没有任何恐惧的环境是不现实的，这个世界对孩子充满了太多的诱惑和新奇的色彩，"怕"是认知的前奏，了解得多了，自然也就不害怕了。如果孩子从来没有产生过害怕的感觉，也不是一个好现象，可带孩子去检查一下，看孩子是否存在心理发育上的障碍。

对一个健康的孩子来说，恐惧是他认识周围世界的自然反应。如果孩子的恐惧感非常强烈而且逐步升级，甚至影响到其性格与行为时，家长就应该给予重视，并应带他去看心理医生。

第六章

学龄儿童常见的问题及解决办法

孩子做事拖拉怎么办

四年级男孩李江，成绩一直很不错，但是，老师和同学都不喜欢他，因为他做事总是拖拖拉拉。他的作业经常不能够按时完成，导致老师经常生气。在生活中，同学们谁也不愿意跟他合作。他办事情像一个老太婆，和大家根本就不合拍。在一次晚会中，大家一起玩游戏。他和几个同学分在一组，结果因为他拖拖拉拉，使得他所在的那一组输得很惨。同组的几个同学都责怪他，不愿意和他交往。慢慢地，其他同学也不愿理他了，觉得跟他合作既倒霉又没有意思……他在学校连个好朋友都没有，感到很压抑。妈妈最讨厌看到李江做事磨磨蹭蹭的样子，而且也为这件事情打了他不少回，就是不见效果。

像李江这样的孩子很多，做事拖拉、慢吞吞似乎不是什么大毛病，但融入集体，进入社会工作后，拖拉的恶习就会暴露出原本的弊端。

做事拖拉、磨磨蹭蹭是孩子常见的一种毛病。

孩子做事拖拉一般表现在：做作业时不专心，东看看西玩玩，一个小时可以做完的作业要用 2 个甚至更长的时间；从早上起床、穿衣、洗漱到出门上学的这段时间内，动作慢吞吞，不紧不忙地，经常导致迟到；因怕困难而把艰巨的任务、麻烦的事情拖到最后办理，或寻找借口一拖再拖；一般不善于整理环境，卧室、写字桌上乱七八糟；一般都缺乏进取精神，不愿改变环境，不愿接受新任务；老是不肯做作业，一直拖到每天的最后一刻，甚至点灯熬油开夜车；遇到棘手的事或考试，就装生病、找借口，企图回避；在受到不公正的待遇时，即使自己有理，也喜欢忍气吞声，以免和别人发生冲突；无论遇到什么事情都怨天尤人，从不从自身寻找原因；说起来一套一套的，想法很多，但从来不去付诸实施……

如果孩子在学生时期还没有克服掉这种毛病，就有可能形成懒惰的性格，在碌碌无为中度过平庸的一生。妈妈教育孩子，一定要注意帮孩子改掉这一陋习。

而妈妈要培养孩子绝不拖延的意识，最重要的是必须让他学会珍惜时间，懂得"一寸光阴一寸金，寸金难买寸光阴"的道理。这首先要求妈妈自己是一个珍惜时间的人。

《朱子家训》开篇说："黎明即起，洒扫庭除，要内外整洁。"一天之计在于晨，当孩子醒来，发现妈妈已经把屋子收拾得干干净净了，周围空气清新，精神自然百倍。相反，如果家里乱糟糟的，一片狼藉，人也就没什么激情开始一天的学习生活了。

所以，勤劳的妈妈往往能保持好家人的积极情绪，而且，也能教育孩子珍惜一天的时间，认真对待每一个黎明。

早晨时间有限,看着孩子从起床、吃饭到准备上学,样样拖拖拉拉,三催四请还是慢吞吞的,让你忍不住扯开嗓门责备他。结果你发火了,孩子却泪眼汪汪地站在那儿发愣,坐在那儿发呆。这样会比较快吗?

妈妈气急败坏地呵责,孩子仍然慢吞吞。当心——你的气急败坏造成错误的身教,孩子长大后会变得跟你一样脾气不好。另一方面,孩子的挫折感和当时的惊吓,也会带来更多的抑郁和适应上的困难。

慢吞吞已经够你心烦了,若再加上教导不当,衍生其他冲突或心智成长上的问题,那就更令人困扰了。许多孩子的问题像滚雪球一样,越滚越大,随着年龄增加,将有更多的困扰。

孩子做事慢或者磨蹭,有的与孩子的性格有关,有的和孩子的生活习惯有关,妈妈应具体问题具体分析,对症下药,力争药到病除。

吃饭慢,这是小问题,只要孩子没有一边吃一边玩,而是在细嚼慢咽,就是可以容忍的;做作业慢,那是因为他没有什么有趣的事情等着去完成,如果完成了作业可以看电视,孩子就会积极一点,但是,不能拿这个作为交换条件,防止孩子的速度上来了,质量下去了。

有一个妈妈非常大胆——让孩子在看电视的广告时间做作业。孩子很感谢妈妈的宽容,作业写得又快又好,这种方式,也许值得妈妈们借鉴一下,因为这样给孩子的不仅是宽松的时间,更是莫大的信任。

一般来说，有明确目标的人，做事情会很快。拖拖拉拉的孩子，也许缺少的是目标感。另外，孩子的惰性也是导致拖拉的一个原因。不给孩子惰性心理留任何滋生的机会，时时提醒孩子"明日还有明日事"是非常重要的。

对于孩子的拖拉，建议妈妈给孩子规定一个时间，让他限时完成。同时，妈妈还可以为孩子准备一个记事本，将要做的事情按重要顺序分类，养成孩子做事有条不紊的习惯。为了去除孩子对妈妈的依赖心理，让孩子自己承担做事拖拉的后果。比如要出门，提醒孩子准备妥当。若不改拖拉，就要丢下孩子，让他独自承担后果。

生命是由时间积累而成的，谁将该做的事无端地向后拖延，谁就会无端地浪费生命；谁重视时间，时间就对谁慷慨；谁会利用时间，时间就会服服帖帖地为谁服务。尽早培养孩子珍惜时间的习惯，即是教会了孩子珍惜生命。

孩子容易发脾气怎么办

李医生夫妇最近被儿子的坏脾气折磨得头疼。儿子奇奇7岁，才上小学二年级，却脾气暴躁得厉害，稍不如意就大发雷霆，大喊大叫；即使是跟他讲道理，他也听不进去，如果父母不按照他说的去做的话，他就一直吵闹、哭喊、在地上打滚，手里有什么东西都会顺手扔出去。

为此，李医生夫妇想尽了办法，他们打他，苦口婆心地教诲他，罚他站墙角，赶他早点上床，责骂他，呵斥他……这些都不管用，一有事情奇奇还是会大发雷霆，暴躁脾气依然如故。

这天，奇奇看到邻居家小朋友拿着一个变形金刚，奇奇觉得很好玩，就跟那个小朋友一起玩了起来，两个人玩得很开心。很快，吃晚饭的时间到了，那个小朋友被他妈妈叫回家了，奇奇也只好依依不舍地回家了。

回到家里，奇奇就跟妈妈讲："妈妈，你给我买个变形金刚吧。"

"你的玩具箱里不是已经有两个了吗？"妈妈很奇怪。

"我想要小朋那样的。"

"那等明天爸爸出差回来了带你去买吧。"

"我不！我就现在要！"奇奇的愿望没有得到满足，大声喊了起来。

"你这孩子，我晚上还得去值夜班呢，哪有时间去给你买啊。来，奇奇乖，咱们吃饭了。""我不吃，我就要变形金刚。"奇奇的倔脾气又上来了。

"快点吃饭！吃完了我要去上班！"妈妈生气了，说话的语气重了点。

"砰——"令妈妈没有料到的是,奇奇竟然把饭桌上的一碗米饭推到了桌子下,碗的碎片和米饭撒了一地。

妈妈很生气,拉过齐齐,狠狠地朝他的屁股上打了两巴掌。这下,可是捅了马蜂窝,奇奇躺在地上哇哇大哭起来。

妈妈又着急又生气,眼看着上班时间就快到了,可奇奇还躺在地上撒泼,她不知如何是好了。

"现在的孩子越来越难管了!"有不少妈妈抱怨说,"稍不如意,牛脾气就上来了。打也不听、骂也不灵,哄他吧,他还更来劲!"生活中,确实有不少这样的孩子。

心理学家认为,孩子爱发脾气是由于家庭教育不当引起的。特别是独生子女,如果从小家人就事事以他为中心,孩子要什么就给什么,久而久之,孩子就会养成遇事爱发脾气的习惯。比如,他想要一个玩具,而妈妈不想买给他,他就会大哭大闹,此时,妈妈既想管教,又怕孩子受到委屈,结果可能就会对孩子"俯首称臣"。这样反而会让孩子形成一种错觉:只要我大哭大闹,他们就会让步,我的愿望就能实现。如此下去,就会形成恶性循环,孩子逐渐就养成了乱发脾气的坏习惯。

此外,有的孩子乱发脾气,可能是从妈妈那里学来的。妈妈是孩子最早的启蒙老师,也是孩子最好的老师。妈妈日常所表现出来的好品质,孩子会受到潜移默化的影响。但是,一些妈妈却没有给孩子做好示范作用,有的妈妈遇到不顺心的事情,常常会大发雷霆,甚至有时候还会将怒气撒到孩子身上。这种行为模式往往会被还缺乏辨别能力的孩子加以效仿,于是孩子就会翻版妈妈的处事方式,遇到问题或困难时,也会大发雷霆。

每个妈妈都不希望自己的孩子是一个随意发脾气的孩子,可事实上发脾气是孩子成长过程中的必经之路,如果妈妈引导得不好,孩子就会像奇奇一样,养成乱发脾气的习惯,变成一个暴躁的孩子;引导得好的话,孩子的脾气就会成为每一次教育孩子成长的契机。

那么,怎样才能改掉孩子乱发脾气的习惯,或者说对孩子发脾气采取什么样的对策才是可行的?

专家建议:一是不能向孩子"俯首称臣";二是当孩子发脾气时,适当地采取"横眉冷对"的方式;三是妈妈"以身作则",让孩子从榜样的身上学到正确的东西。

孩子发脾气就向他屈服是最不可取的教育态度和教子方法。当孩子乱发脾气时,妈妈要保持冷静,对孩子的不合理要求绝不迁就,要让孩子明白,无论他怎么发脾气,妈妈都不会"俯首称臣",他始终都达不到自己的目的。当孩子已经"雷霆万钧"时,不妨运用冷淡计,妈妈及其亲人都不去理会他。事后,再当着孩子的面,分析一下他发脾气的原因,细心地引导、教育孩子,相信孩子会从一次错误的行为中吸取教训。

专家认为,妈妈在阻止孩子坏脾气发作的时候,既不要采取过于强硬的态度,也不能采取过于软弱的态度。最好是能够迅速而果断地将孩子的注意力转移到其他方面,以缓和紧张的局势。

也就是说，当孩子正处于发脾气的时刻，妈妈不要一心只想到训斥孩子，因为孩子这时是听不进去的；也不要强迫孩子或者用武力威胁孩子马上停止发脾气。最简便的方法就是运用冷淡计把他撇下不管，或把他送出门外，让他一个人去发泄，去自我克服、自我平息。这样坚持一段时间后，孩子就会渐渐改正乱发脾气的习惯，因为他知道这样做是什么也得不到的。

如何让孩子主动不挑食

人和动物饿了就会吃，这是一种生理上的本能，但到了今天，我们的文明社会中出现了一个反本能的现象：孩子不爱吃饭、挑食。这种不正常的现象，在独生子女中蔚然成风。一个小区里肯定有很多家的父母为"骗孩子吃饭"做过各种努力，也交流心得，如何分散孩子的注意力，让他不知不觉就吃了一口饭；如何提高自己的厨艺，做孩子喜欢吃的饭菜；如何根据医生的建议，给不爱吃饭的孩子另外增加营养，等等。但这些从一开始就错了，因为它建立在一个孩子挑食的基础上，只要孩子挑食，有些营养就难以跟进，孩子的生活习惯、情绪、自我意识等，都会受到一连串不好的影响。

怎样让孩子不挑食呢？我们可以借鉴"潜能教育之父"老威特的教子之道。

老威特认为孩子养成不良的饮食习惯，责任完全在于父母。孩子挑食、厌食、贪吃等多种毛病都只是在父母的溺爱和纵容下任性自私的表现。然而不少妈妈在生活中不但没有丝毫悔悟，仍一味地满足孩子不合理的饮食要求，或者是诱骗孩子吃有营养的东西。事实上，只要改变了孩子对食物的观念，就能改变孩子不良的饮食习惯。

妈妈首先需要使孩子明白"粒粒皆辛苦"的道理。据说，有一个小学组织孩子们到田间地头，参加农民劳动，感受汗滴禾下土的滋味，从此学校食堂浪费的现象明显好转了。孩子们从来不知道食物的来源，觉得一切都理所当然，也就不会珍惜了。

如果妈妈能和孩子一起种一株黄瓜，看着它开花、结果、慢慢长大，这种等待的经历更能让孩子感受到食物的来之不易，不能随便浪费。每一个青椒需要一个夏天的成长，每一粒绿豆都可能成为一株豆苗，它们其实都有故事，这些是孩子不知道的。

只有在孩子尊重食物以后，再适当告诉他有关的营养知识，他才容易接受。

如果孩子厌食，首先确定他是否生病了。如果并非如此，而只是孩子的饮食习惯问题，妈妈就要想一想，是不是孩子平时零食吃得太多，扰乱了正常的进食规律，导致他在正餐时间里拒绝进食。杜绝孩子吃零食和适当采用饥饿疗法，都能很快纠正孩子不爱吃饭的习惯。

也有一种孩子与挑食、厌食相反,不知饥饱,贪吃成性。孩子养成贪吃的习惯多数是家长促成的。老威特和妻子都非常注意这一点,规定有固定吃点心的时间。为了让儿子懂得身体健康及饮食合理的重要性,凡有朋友的孩子生病,他都会带儿子去探望,让儿子更为直接地体会健康饮食的重要性,这对儿子是一种很实际的教育。老威特记载了这样一个故事:

有一次我带着儿子散步,遇见了一个朋友的儿子。

"你家里人都好吗?"我首先问候道。

"谢谢,都好。"他说。

"但是,你弟弟病了吧?"

"是的,您是怎么知道的呢?"他惊讶地说。

"因为圣诞节刚过。"

我并不是胡乱猜测的,因为我知道那孩子特别贪吃,圣诞节过后准会闹病的。

果然不出所料,于是我带着儿子去探望。到那儿一看,那孩子不喊肚痛,不喊头痛,只是叫个不停。

病从口入这一点在孩子身上体现得非常明显,如果孩子口不择食,就很容易生病。妈妈一定要管好孩子吃东西,尤其是不要让亲友们太宠孩子,背着自己给孩子很多好吃的零食,这样只会坏了孩子的胃口。

孩子挑食,就像洪水泛滥一样,重点在疏导,而不是怎样去堵塞。从根本上改变孩子对饮食的态度，除了加强孩子尊重粮食的意识和进食的控制之外，妈妈也需要"宠辱不惊"。不管孩子爱吃什么、不爱吃什么，都不要大惊小怪，表现得很高兴或者很失望。因为这样只会让孩子觉得，吃东西是为了讨欢心，或者是为了发脾气，这就背离了饮食的本意了。

另外，大人在吃饭的时候也要做好表率，不要表现得自己很挑食或者太讲究，这样孩子也就不会跟着学了。

当你发现孩子对某一种菜完全不动筷子的时候，先不要惊慌。把这种菜改良一下继续放在餐桌上。假装没有注意到她不吃这个菜，然后自己带头去吃，孩子也会跟着尝试。如果妈妈说："你不吃洋葱吗"，孩子就会意识到这个问题，就真的不吃了。

孩子说谎话怎么办

老师打电话来说孩子一下午没去学校，于是等孩子回来，你问他：

"下午上课怎么样啊？"

"嗯，挺好的。"

"老师都讲什么了呀？"

"哦，讲的……讲的课文。"

这个时候，你明知道孩子说谎了，但是应该怎么做才能既不伤害孩子的自尊与自信，又不纵容孩子说谎呢？

1. 弄清楚孩子是否在说谎。当怀疑孩子说谎时，父母首先应该仔细地调查了解，弄清楚孩子是否真的在说谎，说谎的原因是什么。孩子的谎言，往往是把内心想象的事物和现实中的事物混同起来。特别是小朋友在一起时的"吹牛"更是没有边，许多话都是无知的语言，不必介意。比如，"我爸爸带我去动物园见到一个蚂蚁比皮球还大"等，这些都是孩子们的想象。小孩子说谎，是比较容易发现的，几句话就可以套出来。大一点的孩子说谎，往往能够骗得了父母，因为孩子知道父母喜欢听什么话，他们会制造谎言，说得天衣无缝。遇到这种情况，父母应通过仔细观察和进一步了解揭穿孩子的谎言，并用比较婉转的口气和迂回的方法教育孩子。

2. 证实孩子说谎后，应采取相应的措施进行教育。面对孩子的错误，妈妈往往火上心头，责骂不解心头之恨还会动手打孩子，这是不理智的。妈妈应该克制怒气，分析一下孩子错误的性质，对无意、初犯或较轻的说谎行为，切忌粗暴体罚，而应该耐心指导教育。首先要对孩子说谎的行为表示生气和不满，表明自己对说谎行为非常的反感，然后教育孩子以后注意自己的言行，尽量不要再说谎。

有些孩子已经习惯于说谎话，屡教不改，甚至有损人利己的行为，而且态度恶劣。对于这种孩子，除了严厉的批评教育以外，还可以进行适当的惩罚，来戒除孩子的恶习。例如孩子又因贪看电视而没有做功课却谎称做完了，妈妈发现后，就首先要求孩子赶紧做完功课，然后剥夺孩子3天看电视的权利，或者3日内不能出门玩耍。但是妈妈惩罚孩子时要注意，惩罚既要让孩子感到痛苦和认识到事情的严重性，又不要使孩子的躯体受到严重损害和摧残，那种要求孩子下跪或打骂孩子的方法是不可取的，不但收不到效果，反倒使孩子产生逆反心理。

值得一提的是，当孩子旧错重犯时，如果他能主动、诚实地告诉妈妈自己所犯的错误，那么妈妈在批评教育之后，一定要对孩子的诚实做出肯定，并适当减轻惩罚。

3. 以身作则，正确引导孩子。营造民主温馨的家庭氛围，让孩子拥有一个自由快乐的环境，对培养孩子诚实守信是非常重要的。因此，妈妈承诺了孩子的事情应该尽量办到，不要随便欺骗孩子。妈妈有意识地对别人说谎时，不要当着孩子的面，以免孩子效仿。而妈妈对孩子的说谎行为，应该进行正确的引导。例如，孩子模仿电影、电视中的人物而说谎，妈妈就应该告诉孩子，这是不对的。同时告诉孩子说谎会带来各种可能后果，教给孩子做人的道理，让孩子建立正确的是非观念。孩子恶意说谎的行为就会逐渐戒除，不经意的说谎也会逐渐减少，成为一个诚实的孩子。

事实说明，无论你如何教孩子，他们迟早会对你说谎。孩子越大，谎话越多越高明，而且说谎得逞又逃过处罚，谎会越扯越多。第一次说谎心中的犹豫最强烈，还会自问该或不该，但恶例一开，原先再三思量的能力就丧失了。

为了培养孩子成为一个真诚正直的人，妈妈应根据不同情况客观分析，对孩子进行正确的教育引导，应奖励孩子的诚实，即使孩子有了错误，只要说了真话，就应肯定他的做人之道，并引导孩子不断地完善自己。妈妈不用打骂、惩罚、斥责等消极方式对待孩子，避免孩子为保护自己而以谎言应付妈妈。要与孩子成为朋友，建立相互信任关系，如果是因为妈妈的原因造成孩子说谎，妈妈应检讨自己，进行自我批评，并对孩子做出合理的解释。

如何改掉孩子乱扔东西的坏习惯

有一个小孩子在家里的时候总是丢三落四，不停地找妈妈要东西，这也不见了，那也不见了，孩子一边放，妈妈一边收，结果谁都不知道东西去哪儿了。

但是很奇怪，孩子在学校里面从来不丢东西，从家里带过去的文具和饭盒，总能完璧归赵，从来不缺胳膊少腿。孩子的科目很多,教科书、参考资料、试卷、作业、强化练习等,也从来没有少过。这让妈妈很奇怪。

"聪聪,你们在学校都是怎样放东西的?"

"我们每个小朋友都有一个柜子,上面贴了自己的名字,大家都把东西放在自己的柜子里。其他的东西都是装在自己的书包里,别人我就不知道了。"

"哦,原来是这样。"妈妈开始考虑给孩子设计几个专用的柜子。

她给孩子买了一个雕花的大木箱,里面可以放很多东西。"这是你的魔法宝盒,我们把所有的玩具都放进去吧,娃娃留在外面。"然后妈妈给复印纸盒子贴上了好看的包装纸,上面写着"文房四宝"4个字,"往后,所有的文具就放在这个文房四宝盒里面好了。"然后买了几个大大的粘钩,贴在孩子房间的门背后,孩子够得着的地方,让孩子把书包都挂上去,随手可以拿走。

这个办法大大缓解了聪聪找东西的痛苦,而且他还觉得很有意思,自己又动手做了几个"多宝格",仿照故宫中的多宝格样子,把大大小小的东西都放了进去,他的小世界便越来越清晰了。

聪聪上小学时,已经渐渐有了自控的能力。

有小朋友的家庭是很容易看出来的,往往沙发上放着玩具,桌子上有很多零食,孩子的用具随处可见,想让整个家庭保持二人世界的浪漫和情调已经成了一件不可能的事情。其实,从上述事例可知，只要方法得当，孩子的东西是能够很好地归类的。

　　对于那些低龄的孩子来说，妈妈们要培养其物归原处的习惯，先要自己做好示范。比如说，孩子要灰太狼玩偶的时候，妈妈最好能每次从同一个地方比如摇篮下面的储物层拿出来，这样孩子就能形成灰太狼放在储物层的概念，他自己就会动手拿。如果孩子忘了放回去，妈妈可以提醒他："灰太狼可能想要回家啦。"孩子就能明白妈妈的意思是要把灰太狼放回到原处，也很愿意帮助灰太狼回家。

　　如果妈妈常常在孩子面前说："看到我的水果刀了吗？""爸爸的公文包去哪里了？""怎么没看到那本小说了"……这无疑说明你还是一个不懂得收拾的妈妈。妈妈是生活的核心，一切家务都是围绕妈妈展开的，一个井井有条的妈妈才能保证家庭生活有条不紊地进行，不然就会制造出很多小摩擦来。好妈妈一定要首先是一个会收拾的人。

　　心理学家说，一个习惯的培养需要 21 天的重复，也就是说孩子要培养一个哪里拿哪里放的习惯，大概需要 3 周的时间。妈妈需要有耐心，不能 1 周之内总是大发脾气说"提醒了多少次你都记不住，真是没用的东西"这样的话，这只会打消孩子的积极性，对培养好习惯一点效果也没有。孩子一两次没有做好也没关系，当他有意无意地物归原处了一次之后，妈妈最好能表达一下高兴的心情："这次我很快就找到你的球鞋了，真好。"孩子也会因为觉得自己的行为给家人带来了方便，而感到骄傲。

其实人小时候的培养都是生活习惯的培养。记得有一个诺贝尔奖的得主在接受采访时，对方问他从小到大在哪一所学校获得的教育最深刻，他回答说："幼儿园，我在那里学会了对人有礼貌、遵守交通规则、自己的东西自己管理、按时吃饭等，这些我一直遵守到现在。"小时候培养了良好的生活习惯，孩子在独立之后，更能掌控自己的生活。这种投资是利益长远的，值得妈妈们耐心培养。

如何转变孩子的厌学情绪

乐乐上初三了，马上面临着毕业考试，因此，父母对他管教得严厉了一点儿，尤其是学习方面。但是，父母发现，乐乐似乎是越来越不爱学习了，成绩也开始直线下降。父母着急上火，但乐乐自己却像个没事儿人似的。

乐乐的父母跟老师诉苦："原来放学还知道看看书、做作业，可一上初三就连作业都不做了，书也不看了。要么看电视，要么就坐在电脑前，不是上网就是打游戏，反正就不看书做作业。你说他两句吧，他就'嗯''啊'，说一会儿就去，可过半个小时你再看，他还在那玩呢。"

"我们尽量去和他做朋友，逮住机会就做思想工作，可怎么说也没用，道理他都听不进去。问他为什么不学，他说'不为什么，就是不想学'。孩子这么大了，我们不可能，也不想整天监督着他学，可他根本理解不了父母的苦心。"

"有时候早晨去学校的时候，他总是磨蹭再三，拖拖拉拉的，似乎是很不愿意去学校。"

很明显，乐乐有了厌学情绪。

厌学心理是对学习产生厌倦乃至厌恶，从而逃避的一种心态。这种心理状态直接影响到孩子的学习，并危害他们的身心健康。人们通常以为孩子厌学是因为孩子比较笨，或者是孩子懒惰成性而不喜欢学习，但是，厌学心理不仅仅是厌恶学习。

大多数孩子的厌学与他们是否聪明没多大关系，而与家庭、老师、同学以及自身的基础等因素有关。

家长对孩子的期望过高，加重了孩子的学习负担，当孩子无法承受这些重负时，会对父母的做法产生反感，进而发展到讨厌学习、讨厌上学。如上文中的乐乐就是一个典型，由于父母对其学习过于苛刻的要求，而产生厌学心理。

学校是学生学习的地方，也是孩子与人交往的地方，和老师、同学的关系，将会对孩子的学习产生很大的影响。老师对孩子的定位与品评将直接影响到孩子的学习，如果老师总是觉得孩子是后进生，总是批评孩子，那么他很容易产生厌学心理。与同学关系处得不好，也可能会让孩子产生厌学心理。

有很多孩子学习十分努力，但是却总是拿不到好成绩，无法从学习中得到满足感和成就感，多次受挫，逐渐形成"我是差生"的观念，又反馈到学习行为上。这样恶性循环下去，势必会产生厌学心理。

针对以上引起孩子厌学的原因，妈妈可以对症下药来拨正孩子的厌学情绪。

1. 不要过分给孩子施加压力。让孩子拥有轻松的心理是保证孩子正常学习的关键。因此，不给孩子加压是克服和消除孩子厌学的一个重要方法。另外，妈妈不仅不对孩子加压，还要学会给孩子减压。比如用温和的语言消除孩子心理上的顾虑和负担。

2. 帮孩子同老师和同学建立良好的关系。平时，妈妈要有意识地培养孩子与小朋友交往的能力，多带孩子参加一些集体活动，以改进孩子心理上对集体生活的适应能力。同时，也要帮助孩子消除"老师不喜欢我"的心理，积极消除孩子和老师间的隔阂。

3. 消除孩子对学习的痛苦印象。厌学的孩子大多都对学习感到"头疼"，他们厌倦书本，害怕作业和考试。在他们的心里常常把学习当作是一种折磨和痛苦。为此，妈妈必须尽力帮助孩子改变这种对学习的痛苦印象。首先要让孩子在比较轻松的氛围内学习，不要觉得学习是很重的负担。当孩子学习遇到困难时，要给以鼓励和安慰，让他有继续学习的勇气和力量。同时，要注意孩子的劳逸结合，张弛有度的学习才能让孩子保持良好的学习状态和兴趣。

孩子遇到"小霸王"怎么办

下午放学回家后,妈妈发现小辉的鼻子红红的,眼睛也有些肿,似乎哭过了。妈妈急忙把小辉叫到身边,问他是怎么回事。小辉见妈妈问,委屈的眼泪在眼眶里打转。"是昆昆打的。"小辉说着抹了抹眼泪,"下午课间休息的时候,我和几个同学嬉闹,跑的时候不小心撞了他一下,我连忙跟他道歉,可是,他二话没说,就打了我一拳,把我的鼻子打出血了。后来,汪老师把我带到医务室帮我止了血。"

小辉吸了吸鼻子,说:"我以后再也不理他了,他就是一个小霸王,班上的同学都怕他。"

听了小辉的述说,妈妈陷入了沉思,她之前也听小辉说过,昆昆是个霸道的孩子,有事没事就喜欢欺负同学。如果有谁惹了他,他就会动手打人,班上的好多孩子都被昆昆打过。有一次,他看到同桌张民从家里带来了一个有趣的玩具,他跟张民要,张民不肯给他,他就趁张民不注意,故意把那个玩具撞到地上,结果玩具摔坏了;还有一次,几个同学在操场里踢球,大家都不愿意和他一起玩,他冲上前去,一脚就将球踢到了校外;一次,方雨不小心将他的作业本碰到了地上,方雨赶快捡起来,并向他道歉,可他不仅把方雨的作业本摔到了地上,还打了方雨一拳……

总之,昆昆在班上经常惹是生非,不是把这个弄哭,就是把那个打一顿。

显然,这时候去找昆昆的家长,恐怕意义不大;从昆昆日常在学校里的表现来看,从老师那里也没有解决的办法。于是,妈妈决定找到一个根本的解决办法。

一晚上,妈妈都在想该怎么办,突然她眼前一亮,想起自己从一本书上看到过一句:"爱是最好的武器。"此时,用爱去感动他,不是很好的办法吗?

第二天早上,小辉上学前,妈妈告诉他:"我下午去接你,顺便跟昆昆谈谈。"

下午,妈妈到小辉的学校门口等他。一会儿,小辉就出来了,他指着一个穿得有些邋遢的孩子,告诉妈妈:"那个就是昆昆。"

妈妈将昆昆叫了过来,告诉他:"我是小辉的妈妈,想跟你谈谈。"昆昆听说了,眼里流露出一丝害怕,但转而又流露出挑衅和不屑。

妈妈对昆昆说:"你别紧张,阿姨只是想跟你谈谈,我们说会儿话好吗?"见校门口人很多,妈妈带昆昆来到了学校旁边的麦当劳,给昆昆买了一杯可乐。妈妈问昆昆:"你说小辉是个好同学还是坏同学?"

昆昆回答:"好同学。"

"那你愿意跟他交朋友吗?"

昆昆迟疑了一下,低声地说:"愿意。"

妈妈把书放到昆昆面前，对他说："这几本书很好看，阿姨送给你。另外，小辉在家里还有很多好看的书，你要是想看的话，可以借给你看。"

昆昆接过书，点点头。

"好了，今天就先说这么多，你赶快回家去吧，要不你妈妈该着急了。"妈妈对昆昆说。

从那之后，昆昆再也没欺负过小辉，而且慢慢变得不再那么爱欺负人了，渐渐地，也有同学跟他一起玩了。

每个孩子在学校都可能会遇到"坏孩子"，这时，如果妈妈出面，目的应该是帮助孩子解决问题，化解矛盾，而不是去报复。爱孩子，就应该帮他创造一个和谐的氛围，而不要给他制造麻烦。上例中这位妈妈的做法很明智。随着年龄的增长，孩子的人际交往范围逐渐扩大。人际关系中的矛盾，会使他们产生"困惑""曲解"或"冷漠"等消极心理，并导致他们产生认识偏差，情绪偏差，进而会产生不适应、不理智，甚至极端的行为反应。因此，在孩子与人发生矛盾时，妈妈要及时指导孩子处理各种人际关系中的矛盾。

生活中，可能很多孩子都受到过别的同学的欺负，这时，家长可能有两种处理方式：一是告诉孩子"人不犯我，我不犯人；人若犯我，我必犯人"，要以牙还牙，甚至亲自出马，讨回公道；二是告诉孩子爱是化解矛盾最好的武器，教孩子去关爱别人。显然，第二种方法是可取的。

曾经有报道说，一个女孩的父母，因为女儿在学校和一个男孩子发生了一点小冲突，第二天就冲冲地来到学校找那个小男孩算账，将小男孩暴打了一顿，结果导致小男孩死亡。由于父母的不冷静，导致了两个家庭的毁灭。

孩子遇到"小霸王"是正常的事，妈妈可以针对不同的对象采取不同的处理方式，但是有一点必须要明确，那就是不能伤害那个"坏孩子"，同时也需要考虑所采用的方式对自己孩子人格行为的影响，以及对其今后人际关系的影响。

当孩子出现口吃毛病时怎么办

李浩是一个聪明可爱的小男孩，但他有个小毛病——说话结巴。其实，李浩开口说话挺早的，说话也较流利，可到了3岁的时候，却突然变得有些结巴了。从5岁开始，李浩接受了妈妈的言语矫正训练，妈妈自制了一套训练方案，播放教学录音让李浩模仿，但效果甚微。时间长了，李浩觉得妈妈是在折磨他，而妈妈却认为李浩"我……我……我……"是故意的，于是批评、苛责、一招接一招。结果妈妈越着急，李浩就越害怕，越害怕就越结巴。

后来，妈妈看了一篇相关的文章，上面说2～7岁的孩子结巴是正常的，就没有再苛求他，心想慢慢地会好的。谁知道上小学后李浩的结巴竟然越来越严重，一句话中间老是有不恰当的停顿，或某个字的发音拖得很长，如"我不……想睡觉"，让人听起来很吃力。

每当与老师谈话或上课发言时，李浩就结巴得更厉害；有时遭同学嘲笑，他说话就更结巴了，越是这样，他就越不爱讲话，因而，讲话就更加不流利了。

说话不流畅，是2～7岁儿童比较常见的生理现象。孩子对自己的口吃无自我意识、恐惧和害羞心理，算不上是"口吃"。2～3岁的孩子思维迅速发展，想用语言表达一种思想，但往往找不到合适的辞藻，于是在找合适的词语来表达的过程中就会出现口吃，这种口吃一般只是阶段性的。在这一阶段，有很多孩子开始学会数数、念儿歌，但是说的技能赶不上思维的速度，以语言为基础的思维跑到语言功能的前头，思维和语言发展不同步，口吃就会更加明显了。但是随着孩子语言能力的进步，这种口吃就会慢慢地减少直至消失。

研究发现，孩子的口吃是后天形成的，与家长教育不当有直接的关系。一些妈妈见到孩子出现口吃，便会没有耐心地、严厉地责备孩子，时常提醒孩子注意。受到多次的责备和提醒之后，孩子就对讲话产生了不安、恐惧等心理，口吃现象反而会变得更加严重。妈妈不愿意听到孩子讲出"结巴"的话，急于纠正孩子的发音,这样孩子说"结巴"话的机会反而会增加,最后孩子真的成了口吃患者,把本来不是问题的事情弄成了问题。

口吃不仅影响孩子语言功能的发育,还会极大地损害他们的心理健康,使他们产生心理压力,自尊心受挫,容易形成孤僻、退缩、羞怯、自卑的不良个性。口吃的孩子往往情绪不稳,容易激动。他们害怕在大庭广众下讲话,害怕上课时老师提问,不愿意主动与同学交往。

所以,当孩子出现口吃的毛病时,妈妈应该做到以下几点:

1. 不让孩子模仿:模仿是口吃形成的主要原因之一,因此,在日常生活中,不要让孩子模仿电视里或者生活中的结巴。

2. 妈妈耐心倾听,不要指责:妈妈见到孩子口吃时,应保持平静、无所谓的态度,避免严厉的责备,不要逼孩子把话讲全,也不必提醒"你又口吃了,要注意",以免增加孩子的紧张情绪,反而使他们更加结巴。

3. 慢慢地跟孩子说话:若孩子的口吃比较轻微,则不必采取任何措施,时间长了,口吃自然就会消失。若孩子的口吃现象比较严重,妈妈在同孩子讲话时,应该用缓和、拖长音的语气降低语速,孩子会逐渐模仿,用这种方式去讲话,口吃也会慢慢地得到缓解。

4. 及时给予鼓励:当孩子的口吃有一点改进时,妈妈应及时地给予表扬鼓励,这可增加孩子克服口吃的信心。

5. 寻找病因,消除病因:孩子本来不口吃,后来变得口吃,这其中会有很多原因：也许是智力负担过重，也许是家人当着孩子的面争吵、冲突，孩子受到惊吓或是孩子的习惯受到破坏等。只要能消除隐患，孩子的口吃一般会在几个月后自行消失。如果原因不明，就必须去咨询相关的专业机构，以便及早地解决问题。

孩子一旦患上口吃的毛病，就容易产生自卑的心理。所以，应该做一位耐心倾听的妈妈，让孩子认真地把每一句话都说完，相信孩子的毛病就会渐渐好起来。

不容忽视的儿童攻击性心理

佳佳和莎莎正在画画，佳佳缺一支红色的蜡笔，看见莎莎笔盒里有一支，伸手就去拿，嘴里还说："这是我的。"莎莎不肯给他，佳佳气得把莎莎画画的东西全扔掉，还用脚去踢莎莎。

8岁的轩轩散漫、冲动、好斗，言行极具攻击性，一年级下学期闻名全校。成绩门门红灯高挂，调皮捣蛋得出奇。老师见他头疼，同学见他害怕，上课破坏纪律，下课欺负同学，一会儿把同学的球抢过来扔掉，一会儿把女同学正在跳的橡皮筋拉得有十来米长，一会儿又故意用肩去撞对面过来的同学。如果谁说他一句，他就会对他拳打脚踢。

亮亮学习成绩差，性情怪异，不讲卫生，手脸总是很脏；人际关系恶劣，总是欺负周围的同学，有时无缘无故打同学一巴掌或踢同学一脚，或者故意拿同学的东西。他不尊重老师，对老师的要求不屑一顾，经常弄得全班同学哄笑不已，影响非常恶劣。

小孩也是有暴力倾向的，因为攻击性心理是一种本能。攻击性心理是指因为欲望得不到满足，而千方百计实施一些攻击性行为，以别人痛苦为乐的心理。它在不同的年龄阶段有不同的表现形式。孩子的攻击性心理在行为方面的表现为：幼儿园阶段主要表现为吵架、打架，是一种身体上的攻击；稍大一些的孩子更多的是采用语言攻击，谩骂、诋毁，故意给对方造成心理伤害。从性别攻击心理来说，男孩以暴力攻击居多，女孩以语言攻击居多。

儿童攻击性心理的形成大致有3方面原因：一是遗传因素。有些攻击性强的儿童可能存在某些微小的基因缺陷；二是家庭因素。家长对孩子的暴力惩罚，往往使孩子产生一种抵触情绪，并把这种恶劣的情绪"转嫁"到别的人身上，找别人出气。家长过度地溺爱也会铸就这种惹事"小霸王"；三是环境因素。美国心理学家班杜拉通过一系列实验证明，攻击性心理具有模仿性，如果儿童经常看暴力影视片、武打片，玩暴力电子游戏，接触具有暴力倾向的人，会强化这种攻击性心理。

攻击性心理甚至会影响到孩子的整个人生，如果这种行为没有得到及时纠正，那么等到他成年后，就会出现人际关系紧张、社交困难，甚至走向犯罪。妈妈要及时预防和化解孩子的暴力倾向，平时要多了解孩子的收视信息，了解暴力内容对孩子的影响程度。当发现孩子对暴力内容非常感兴趣和崇尚时，一定要教育他不能凭个人武力去解决问题。当然不能是严肃的说教，用活生生的事例来说服孩子更有效用。大部分男孩都对打打杀杀的场面很感兴趣，而且喜欢模仿，妈妈可以让孩子参加业余武术训练班进行训练，释放出在暴力内容刺激下活跃起来的体内能量。另外，孩子与朋友之间一定会有纠纷，教会孩子自己正确处理孩子之间的纠纷，比妈妈出面帮孩子解决纠纷更有意义。这样，既保护了孩子的自尊心，又教会了孩子怎么做人处事，消除了孩子的"暴力隐患"。

同是感冒，要用对症的药物才有效，而同属于"攻击性心理"，也要根据不同的诱因来"对症下药"。以下是几种"药丸"，请妈妈给孩子对症用药。

1. 停止那些攻击性的言行，创造一个良好家庭气氛，有充足的时间陪孩子玩。

2. 不让孩子看有暴力镜头的电影、电视，不让孩子玩有攻击性倾向的玩具。

3. 永远不对孩子的"攻击性行为"进行奖励，自己的孩子也有错。

4. 教孩子学会正确的"情绪宣泄"。

5. 饲养小动物，鼓励孩子的亲善行为，培养孩子的爱心。

6. 引导孩子进行"移情换位"，经常给他假设"你是被攻击的小孩，会有什么感受？"

孩子有"社交恐惧症"怎么办

玉蝶以前是一个懂事、听话的女孩，个性比较内向、敏感。两年前读高中时，有一天路上与老师相遇，她感到紧张，没有抬头和老师说话，便低着头匆匆走过。旁边有一同学看到这一情形，对她说："你不和老师说话，老师刚才一直都看着你呢。"

玉蝶听后深感内疚，第二天到学校时，不敢抬头看那位老师的眼睛。后来逐渐加重，连别的老师的眼睛也不敢直视，进而发展到连普通人的眼睛也不敢看。偶尔与别人的目光相遇，便感到特别紧张，心跳加快、全身冒汗，并认为自己的表情肯定很尴尬，会引起别人的耻笑。从此，在路上骑自行车或走路，总是低着头，唯恐看到别人的目光。由于紧张、心情不安，玉蝶上课无法专心听讲，学习成绩下降，结果没有考上大学。后来症状更加严重，以致不敢出门。她为此感到非常痛苦，不得不求助于心理医生。

玉蝶最初只是出现了轻微的社交恐惧心理，可是后来，这种心理状态不但没有调整好，反而变本加厉，发展成"社交恐惧症"。

"社交恐惧症"也被称作"社交焦虑障碍"，是以害怕与人交往或当众说话，担心在别人面前出丑，而尽力回避的一种恐惧感。恐惧的对象是某个人或某些人，甚至包括一些亲人朋友。

心理学家认为，"社交恐惧"这种不正常的心理状态与人在童年时期的某个行为印痕有直接的关系，而发病往往是在青少年期居多。例如，小时候本来想在众人面前表演一首歌。可没想到，他看到这么多人时，却忘了歌词，这使他尴尬至极。从那以后，他变得不敢当众讲话了。

有一个叫天天的小孩经常去邻居家玩，可有一次他无意中听到邻居朵朵的妈妈在警告朵朵："别让天天来咱家了，烦死人了，下次他再来你赶紧打发他走。"这个男孩悄悄地缩回了已经踏入门槛的一条腿，从此之后，他再也不喜欢与人交往了。

如果童年受过伤害的孩子，在以后的成长过程中，没有找到化解的方法，那么多半会在青少年时期伴有程度不一的"社交恐惧心理"，严重的便成为"社交恐惧症"。

此外，如果孩子看到别人或听到别人在某种交往情境中遭受挫折和拒绝，自己就会感到痛苦、羞耻、害怕。这种"间接经验"会不自觉地影响他们对人际交往的看法，甚至产生"社交恐惧心理"。

小孩的内心是极其敏感和脆弱的，任意一次再小的不顺都会对孩子造成伤害，而这样的伤害对孩子的一生都会有影响，因为人对生命的态度大多来自早期的生活体验。童年时期遇到的交往障碍如果没有得到消除的话，会对孩子一生的社交都造成影响。因此，妈妈要尤其注意小孩子的社交问题，及时帮孩子排忧解难。

社交恐惧症就像"流感"，最好在它没有来袭之前就做好预防。在孩子的成长历程中，妈妈尽量用多些时间陪孩子说话、游戏、散心，多带孩子去串门、逛街、走亲戚，哪怕牺牲赚钱的时间都是值得的。

如果孩子真的因为一些原因，出现社交恐惧心理或"社交恐惧症"，妈妈也不必恐慌，要知道你的恐慌会使孩子手足无措。这个时候唯一能做的就是"解决问题"。妈妈可以用一些事情分散孩子对"恐惧"心理的关注。妈妈还可以运用系统脱敏法，鼓励孩子先与妈妈敞开心扉，其次再和比较亲近的朋友和亲戚交往，再和关系一般的同学交往……

如果孩子生理上的不良反应比较严重，最好是去看看心理医生。不过"社交恐惧症"听起来好像比较可怕，其实它只是一只纸老虎而已。只要"治疗方法"正确，孩子很快就会好起来。

怎么才能带孩子走出自闭

穿一件玫瑰色T恤的阿珂气质清新可人，眉宇间却透出淡淡的忧伤。阿珂很小的时候，妈妈就感觉怀中的她跟别人家的孩子不一样。不管怎么逗，她都没什么反应，她很少和身边的小朋友玩耍，每天最喜欢做的事情就是把积木摆成长长的一排，推倒后再摆，如此反复；她还喜欢舔自己的手背，然后盯着上面的唾液发呆；她不会说话，也不会自己穿衣吃饭，更不喜欢跟别的小朋友玩。

进入高中后，她天天埋头学习，很少和同学交流，也没有知心朋友。大学4年，她也从不参加学校活动。

阿珂的父亲每晚在一家单位守门，妈妈在一家政公司做清洁工，每月的家庭收入还不到1000元。这无形中增加了阿珂的心理压力。想想父母的艰辛，再想想自己不能为家里减轻压力，阿珂心里很难受，看看同龄女孩有着爽朗的性格、家庭、运气、能力样样都好，阿珂心里好生羡慕。

她大学毕业顺利地进入成都一家公司，但工作一个月后，公司就以业务能力不强为由将她辞退。她又来到成都某广告公司工作，但感到工作很吃力，干了不久也离开了。踏出社会的两次努力都失败了，她变得沮丧起来，天天关在家里，不敢见人，不敢和人说话，最后连喊爸妈的勇气都丧失了。

她觉得自己是个累赘，拖累了爸爸妈妈，她甚至想到了自杀。

从阿珂的种种表现来看，她患了自闭症。自闭症也叫孤独症，属于先天性疾病，是在社交技能、认知和交流等多方面存在发育障碍。主要的障碍是认知的发展困难，表现出来的症状主要是言语发展障碍和社交发展障碍。其典型特征是语言发展缓慢，不知道如何与他人交流，不知道如何与他人交朋友，感知反应不正常，严重地偏离正常的社会关系。

自闭症通常在3岁前可以觉察得到。自闭症常常是源于早期心理，大多发生在儿童身上，并且难以摆脱，一直持续到成年。据美国《精神疾病诊断标准》数据显示，自闭症的患病率占全球儿童人口的 0.02% ~ 0.05%。一般来说，自闭症孩子在出生后和婴儿早期会出现一些症状，但由于很多妈妈经验不足，往往很难识别。也有一些孩子因为在生活中缺少爱和交流，或者因一些事件伤害了自尊心而在后天中逐渐发展成自闭。

儿童自闭症在发病以前往往没有显著的异常特征，因此容易被妈妈忽视，但这并不意味着自闭症不能早期发现。如果孩子出现以下情况，就需考虑请专业人员进一步评估和密切观察了：

第一，自闭症最核心的表现是跟家人不亲密。比如给孩子喂奶时，孩子跟妈妈之间没有眼神交流；伸手抱孩子时，他们没有意的"伸手"迎接姿势，身体不会靠近抱他的人，不会对大人微笑。

第二，没有正常的情感反应，并存在社交障碍。他们对别人的痛苦无动于衷，遇到困难时不主动寻求帮助，不会通过眼神交流来表达感情和自己的要求；摔倒了不怕疼，对鲜亮的颜色、玩具没有反应；对父母不依恋，但对陌生人又不感到害怕，不喜欢跟别的小朋友一起玩耍，就算在一起玩，其方式也很奇怪，比如说，喜欢把别人推倒在地。

第三，语言发育迟缓。一般来说，自闭症患儿说话都比较晚，会说话的孩子喜欢模仿别人的语言，就像鹦鹉学舌。不会用手势表示"再见"，有的孩子经常会把代词用错，把"我要"说成"你要",把自己称为"他"等。

第四,重复性的行为和奇怪的爱好。很多患有自闭症的孩子总喜欢重复做一件事情,比如重复给玩具排队,玩弄自己的脚趾。很多孩子拒绝接受变化,比如喜欢把东西放在相同的位置,一旦有变动就会变得异常不安。

第五,对某些奇怪的物体产生依恋。他们可能对一只杯子、一块砖头很依恋,走到哪都要揣在身上。正常的孩子听到好听或可怕的声音后,都有反应,但自闭症患儿就恰恰相反。

除此之外,他们还喜欢自行车轮、电风扇等能够旋转的物品,莫名其妙地发笑,特别好动或不爱动,不明原因的哭闹等。

有些妈妈虽然觉得孩子有问题,但往往希望只是暂时问题;有些妈妈甚至相信开口越晚越聪明,采用消极等待法;有些妈妈则带着孩子辗转各大医院,寻求名医确诊,结果往往错失早期最佳治疗期。其实对自闭症患儿,2~3岁的早期干预对预后影响十分显著。因此,如果怀疑存在自闭症或其他发育问题的儿童,主动出击是制胜的重要法宝,妈妈应积极寻求早期治疗干预。

其实自闭者完全可以走出自己的"茧",只要有积极的心态,良好的认知,完善的系统思维,超强的自我调节,那么自闭心理会随着成长而逐渐减弱,甚至消失。

对于那些有自闭心理倾向的孩子,重要的不是怎样苦口婆心地引导,而是和孩子一起成长。重新创造一个新的环境,用业余时间和孩子一起学习、听音乐、绘画、唱歌、做游戏,一起体验生活,并像朋友那样互相交流。这样长期下去,孩子的自闭状态可以得到明显改善,他会重新回归社会。

孩子喜欢吮吸手指怎么办

小勇的父母都在一家大型企业上班,加班是常事,于是小勇独自在家也成了家常便饭。小勇已经6岁了,长得虎头虎脑的,人见人爱,但是令父母忧心的是,小勇至今仍保留着吮吸手指的习惯。

这天,小勇和父母一起去姥姥家。小勇很喜欢去姥姥家玩,因为那里有小表哥浩浩和小表弟涛涛陪他玩。3个小家伙有一段时间没见面了,刚一见面,浩浩就特别热情,还将他爸爸给他新买的玩具枪给小勇玩。看到浩浩的玩具枪,小勇爱不释手,玩起来就不想放下了。没多久,浩浩和涛涛也想玩,就央求小勇把枪给他们玩一会儿。但是,小勇不舍得把枪让给他们玩。浩浩和涛涛见小勇半天都不把枪给自己玩,于是两个人一起把玩具枪从小勇手里抢了过来,还把小勇推倒了。

"哇!"小勇大哭起来,父母闻声赶来,从浩浩的嘴里得知了事情的原委,爸爸批评了小勇。父母走后,浩浩和涛涛哥俩也不理小勇了,看着他们玩得起劲,小勇默默地在一旁看着,下意识地把手指塞进了嘴里吮了起来。

每次看到小勇咬手指，父母都会严加斥责，甚至打骂。然而，小勇至今仍难以改变这种习惯，不由自主地就将手指塞进了嘴里。如今，小勇的右手食指都已经有一些畸形了。

日常生活中，只要我们稍加留意，就会发现身边有很多像小勇那样吃手指或者咬指甲的儿童。心理学家指出，吮手指和咬指甲是儿童期发病率较高的一种心理运动功能障碍。美国的一位心理学家经过长时间的调查研究，发现在6～12岁的儿童中，有12%的儿童"经常"甚至"几乎整天"吮手指，而有44%的儿童经常咬指甲。

一般说来，大多数的婴儿都有吮手指的行为，特别是婴儿长牙的时候，这是正常现象。随着年龄的增长，大多数儿童吮手指或者咬指甲的现象就会逐渐消失，但也有少数会持续到成年。

心理学家认为，儿童吮手指、咬指甲的行为主要是因为儿童爱的需求得不到满足引起的。

吮手指、咬指甲，看似是很平常的现象，但是对孩子的影响和伤害却是深远的。因为，儿童从手指中吸到的远不止是病菌。

我们知道，人的手是接触外界最多的一部分，特别是孩子，出于好奇，总喜欢这儿摸摸，那儿抓抓，甚至会在地上爬。因此，孩子的指甲缝中和指尖上会沾有大量的细菌、病毒等。此外，一些儿童玩具、食品包装和学习用品等带颜色的塑料产品中含有大量的铅，孩子在吮手指、咬指甲时，无疑会把大量病菌和铅等有害物质带入口腔和体内，导致口腔、牙齿感染，儿童体内铅含量过高等。

另外，经常吮手指、咬指甲还会对儿童的牙齿造成伤害，造成牙齿排列不整齐，如牙齿外暴，门牙缺角，影响孩子的容貌。咬指甲还可能造成指甲畸形，破坏甲床，引发出血或感染，造成感染化脓等，给孩子带来痛苦。

此外，孩子吮吸手指常会遭到小朋友的耻笑，引发他的害羞、焦虑等情绪；再者，经常吮吸手指，总是把手放在口中，会影响孩子手指肌肉发育和精细动作的发展，从而对以后的工作、学习及生活也有一定的影响。

吮手指、咬指甲会对孩子日后的生活产生重大的影响，必须进行矫治。妈妈可以从以下几个方面做出努力：

1. 营造温馨和谐的家庭环境：大部分孩子之所以会吮手指或咬指甲，是因为父母关系紧张，经常吵架，或对孩子要求太严，经常打骂孩子。因此，只有营造温馨和谐的家庭环境，才能使孩子情绪稳定，使他改掉吮手指和咬指甲的毛病。

2. 关注孩子的心理需求：妈妈应当从百忙的工作、家务中抽出时间，多与孩子在一起，交流感情，并多进行肌肤接触，陪孩子做游戏，陪孩子睡觉，在睡觉前给孩子以抚摸等温情，使孩子有充足的幸福感和满意感。

3. 鼓励孩子多与同伴玩耍：给孩子安排一些合适的手工活动，尽量使他们不闲待着。如让孩子玩积木、玩沙子、画画、做游戏等，以把孩子的注意力引向快乐、活泼的活动中，让孩子忘记这种不良行为。

4. 对孩子要宽容：在矫正孩子吮手指、咬指甲的行为时，妈妈的态度要和蔼亲切，语言动作要轻柔，千万不要大声呵斥、恐吓、打骂，不要采取简单粗暴的禁止，因为这样只会强化这种行为，使孩子感到更紧张，甚至产生自卑感、孤独感等不健康心理。

5. 运用"厌恶疗法"：在不得已时，可在孩子的手指上涂点黄连素或胡椒粉，使他吮吸时产生一种厌恶感，可减少或逐渐消除这种不良行为习惯。